한계전·한필남 부부 중세 수도원 가다

한계전·한필남 부부 중세 수도원 가다

한 계 전·한 필 남

새미

2003년 여름에 퇴직 기념으로 유럽 패키지여행을 가서 미슐랭 지도를 사가지고 왔다. 그다음 해부터 14년(총 490일 정도)간 자동차를 빌려 유럽을 여행하게 되었는데, 초기에는 경비를 줄일 욕심으로 내비게이션이 없는 차를 빌려 고생도 많이 했지만 현지인들의 도움도 참 많이 받았다. 대도시와 대성당을 주로 봤던 여행이 자연스레 중세의 작고 예쁜 교회와 수도원을 목표로 하게 되니 깊고 험한 산속을 헤매고 다녔다.

그동안 수 천 곳이 넘는 교회와 수 십 군데의 수도원을 봤으나 이름조차 기억나지 않은 곳도 상당히 많다. 그런가 하면 수 년이 지나도 마음속에 그대로 남아서 날이 갈수록 더 생생하게 떠오르는 곳이 있다. 일차적으로 이런 곳을 모아 여행 감상문이 아닌 길잡이 역할을 해 줄 책을 만들게 되었다.

우선 유럽 여행에 필요한 몇 가지 조언을 한다면

첫째, 내비게이션을 사용할 때 우편번호가 대단히 중요하다. 같은 이름을 가진 지명이 많아서 자칫 엉뚱한 곳으로 데려갈 수도 있기 때문이다.

둘째, 여행 시기는 여름이 좋다. 하루가 길어서 시간을 충분히 쓸 수 있거니와 여름에만 개방하는 수도원이나 박물관이 많기 때문이다.

셋째, 긴 여행을 할 때는 수도원 숙소나 에어비앤비를 이용하면 현지인처럼 살아볼 수도 있고 경비도 줄일 수 있다. 수도원은 세끼 식사를 제공해 주니 편하지만 현지인들과 같이 모여서 식사할 때 침묵을 참아내지 못하는 사람은 피하는 게 좋다. 우리는 처음에 수도원에서 2박을 했는데 나중에 보니 일주일 이상 쉬면서 주변 동네도 돌아보고 등산도 하고 주변 분위기에 흠뻑 젖어 지낸다. 종교와 관계없이 원하는 사람 누구에게나 숙식을 제공하지만, 예약할 때 수도사들의 의식에 참여하는 걸 주문하긴 한다(출석을 부르는 건 아니니까 너무 부담을 갖지 않아도 된다). 식사 후에는 설거지를 하거나 다음 식사를 위해 식탁을 세팅하는데 미리 다음 식사할 사람의 수를 정확히 파악하므로 외출을 할 경우에는 미리 식사 여부를 말해줘야 한다.

최근에는 에어비앤비를 많이 이용했는데 수도원보다 경비는 덜 들고 한껏 자유를 누릴 수 있다. 슈퍼에 가서 식재료를 사다가 내 마음대로 해먹는 재미도 있고, 어느 한 지점에 여러 날 묵으면서 주변의 볼거리를 구경하면 짐을 풀고 싸고 하는 번거로움이 줄어서 얼마나 좋은지 모른다.

우리가 다닌 중세 이전 교회들은 대부분 산중에 있다.

산길이 험하고 좁은데 우리는 초행길이란 걸 항상 명심하면서 운전해야 되며, 상대방에게 양보하면 낭떠러지로 떨어진다는 걸 알아야 한다.

우리가 본 교회나 수도원들은 지은 지가 천 년이 넘기 때문에 그림이나 프레스코화가 선명하지 않고, 사진을 찍지 못하게 하는 곳도 많기 때문에 숨어서 찍은 사진이 많다. 그러니 사진이 선명하지 않은 점을 이해 바란다.

끝으로 이 책을 만드는데 수고하신 새미의 정구형 사장님께 고마움을 전하며, 편집부 김보선님의 세밀한 작업에 감사드린다.

2020년 12월
한계전, 한필남

제2장/프랑스 동부

제3장/프랑스 남부

제4장/이탈리아

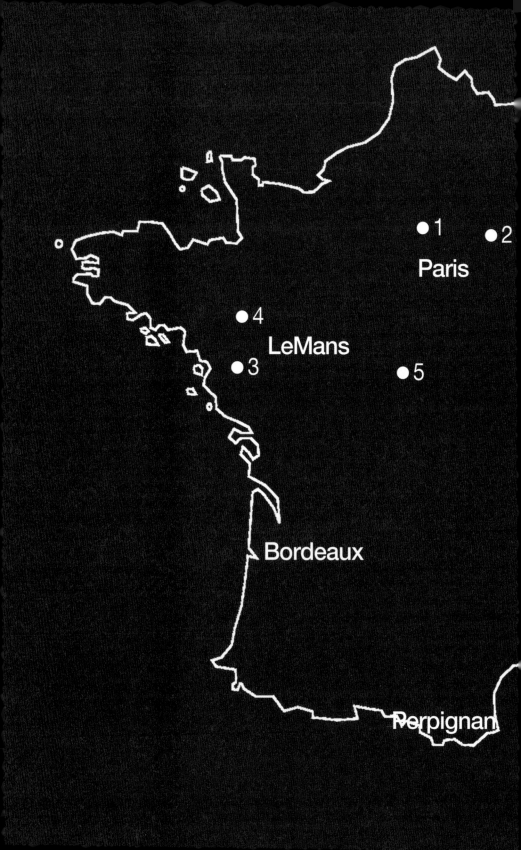

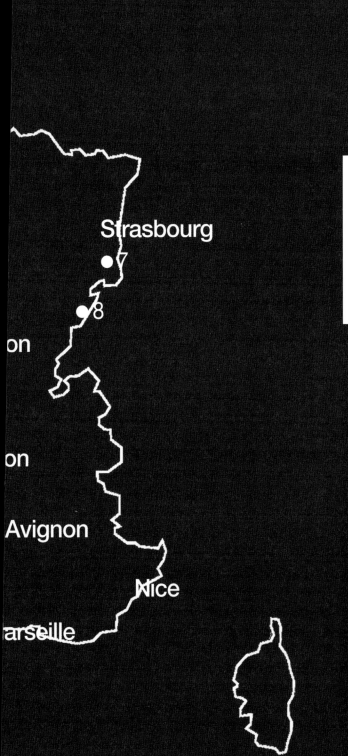

생 드니 정면

왕들의 무덤 La Basilique Cathédrale de Saint-Denis

🏛 생 드니는 파리 중심지에서 10km 북쪽에 있는 인구 100,000명 정도의 도시이다. 1998년 월드컵 축구 경기 결승전을 치렀던 생 드니 스타디움은 80,000명을 수용할 수 있고 지금도 각종 경기와 콘서트가 열리는 유명한 곳이다. 그러나 경기장보다 더 유명한 곳은 140여 명의 왕들과 왕족들이 잠들어 있는 바실리크이다. 우리는 이곳을 두 번 방문했는데, 2009년에는 지하철 13호선을 타고 생 드니 역에 내려 지상으로 올라가니 눈앞에 우뚝 솟은 건물이 보여 아주 쉽게 찾아갔다. 2018년에는 비행기 출발 시간이 저녁이라 호텔에서 체크아웃을 한 후에 자동차를 타고 내비가 가라는 대로 갔는데도 길들이 너무 복잡할 뿐만 아니라, 바실리크를 코앞에 두고 주차할 곳이 없어서 같은 골목을 몇 번이나 돌았는지 모른다. 차를 가지고 가는 사람은 좀 걷더라도 빈자리가 있으면 얼른 주차해야 고생을 덜 수 있다.

성당에 들어가기 전에 광장 모퉁이에 있는 관광 안내소에 들러서 쿠폰을 받으면 묘지 입장료를 할인 받을 수 있다. 신기하게도 2009년 입장료가 9유로였는데 십 년이 지난 2018년에도 그 가격이 그대로여서 많이 놀랐다. 무장한 군인이 정문 안에서 소지품을 꼼꼼히 검사하는 것만 빼고는 모든 것이 십 년 전 그대로였다.

성당의 역사

이 바실리크는 250년 경 순교한 파리의 첫 주교인 드니 성인의 유해를 모시고 있던 갈로 로맹 시대의 공동묘지 위에 세워졌다. 5세기부터는 순례지가 되었고 '대낮처럼 빛나는'이라는 뜻을 가진 다고베르왕이 묻힌 후에는 중세시대에 가장 힘을 가진 수도원 중의 하나가 되었으며, 6세기부터 프랑스 대부분의 왕족들이 여기에 묻히게 된다. 12세기에 수도원장이었던 쉬제르는 정치적으로 영향력을 가진 인물로 수도원을 첫 번째 고딕 양식으로 건축하기 시작한다. 13세기에 생 루이 치하에서 지금의 모습으로 완성됐으나 백년 전쟁과 종교 전쟁 그리고 프랑스 대혁명으로 인해 쇠퇴의 길로 접어든다. 왕들의 시신이 모독되고, 부르봉 왕족들의 유골은 웅덩이에 내던져졌으며 바실리크에 있던 보물들은 약탈당하여 팔려 나갔다. 그러다가 1806년 나폴레옹 1세가 건축가 드브레에게 수도원 재건을 맡겨 멋지고 웅장한 고딕 양식의 정면을 갖춘 성당이 완성되었는데, 1841년 왼쪽 탑에 벼락이 떨어져서 미완성인 채로 오늘에 이르고 있다. 이 성당은 고딕 양식의 시초이며 2019년 4월에 첨탑에 화재가 나서 세계인을 슬픔에 빠뜨린 파리의 노트르담 성당의 모델이 되었다. 1966년에 대성당으로 승격하여 생 드니 바실리크 대성당이라고 하는 특별한 이름을 갖게 되었다.

tympan

·서쪽 정면 la façade occidentale

대부분의 성당은 제단이 동쪽을 향하고 있기 때문에 정면과 정문은 서쪽에 놓이게 된다.

·중앙 문 le portail central

재판관 그리스도와 사도들, 수난의 도구들을 들고 있는 천사들이 조각된 '최후의 심판', 천국과 지옥·요한 묵시록에 나오는 악기를 든 노인들 24명이 조각되어 있다. 왼쪽 기둥에는 '선택받은 자'를 상징하는 '현명한 처녀' 4명이, 오른쪽에는 '버림받은 자'를 상징하는 '우둔한 처녀' 4명이 서 있다.

·남쪽 문 le portail sud

광장에서 볼 때 오른쪽 문으로 참수당하기 전 마지막 영성체를 하는 성 드니, 뤼스띠끄, 엘뤼떼르가 조각되어 있다.

·북쪽 문 le portail nord

광장에서 볼 때 왼쪽 문으로 왼쪽에 사형집행을 명하는 총독, 가운데는 채찍질 당하는 드니, 오른쪽에는 그리스도가 주는 마지막 영성체 장면, 기둥에는 구약성서에 나오는 여섯 명의 왕들이 새겨져 있다.

성당 정면을 살펴 본 후 성당으로 들어갈 때는 오른쪽 문으로 들어가는 것이 좋다. 남쪽 벽에 있는 스테인드글라스를 감상하면서 안쪽으로 걸음을 옮기다 보면 '프랑스 왕들의 무덤 방문(Visite de la nécropole royale Tombeaux des Rois de France)'이라고 쓰여 있는 매표소가 나오는데 여행 안내소에서 받아온 쿠폰을 주면 약간의 할인을 해준다.

왕의 묘지 La nécropole royale

이제 안으로 들어가 즐비하게 누워 있는 무덤들의 설명문을 보면, 르네상스를 꽃피운 프랑스와 1세의 유골단지와 기도하듯이 두 손을 다소곳이 모으고 있는 '루이 16세와 마리 앙뜨와네뜨', 프랑크 왕국을 통일하고 랭스 성당에서 성 레미에게 세례를 받은 '클로비스 1세' 등이 있는데 그중 가장 화려하고 규모가 대단한 '다고베르 1세의 장례기념비(le monument funéraire de Dagobert 1er)'가 있다. 약간의 설명을 하자면 다고베르 왕은 수도원에서 제일 먼저 묻힌 가장 추앙받는 성인이자 수도원의 창시자이다. 때문에 13세기에 수도사들이 경의를 표하기 위해 무덤이 있던 자리에 예외적인 규모로 기념물을 세웠다. 무덤의 형태는 마치 성당 정문의 합각벽을 연상시킨다. 다고베르의 영혼을 훔쳐 달아나는 악마로부터 은수자 요한과 성 드니, 성 모리스 그리고 성 마르땡이 구해주는 장면이 부조로 조각되어 있으며 기둥에는

다고베르 왕의
무덤

아내인 낭띨드와 아들 클로비스 2세가 있고 위에서는 성 드니가 누워있는 다고베르 왕을 바라보고 있는 장면을 석회암을 이용해서 섬세하게 조각해 놓았다.

그 밖에도 수많은 왕과 왕비, 왕자와 공주들의 차가운 무덤들이 말없이 누워 있다. 그중에는 태어난 지 5일만에 죽어서 축성 받지 못해 평민의 옷을 입은 채 어머니 옆에 누워있는 루이 10세의 유복자 쟝 1세도 있다.

지하무덤 la crypte

4세기에서 12세기 사이에 조성된 지하 무덤은 익부 교차로 아래 위치해 있는 고고학적인 지하무덤과, 교회 내진 아래 쉬제르 수도원장이 12세기에 만든 지하무덤으로 구성되어 있다. 환형의 회랑은 수도자들과 순례객들이 돌면서 생 드니와 두 동료의 유해에 경배하기 위해 만들어졌는데, 이런 형

루이 17세의 심장

태의 배치는 600년경에 세워진 로마의 성 베드로 성당을 본떠 만든 것이다. 복도의 외벽에는 햇빛을 분산시키기 위한 작은 창이 나있다. 그리고 아직 로마네스크 양식의 냄새가 남아있는 39개의 기둥이 있는데 그중에 ① 죄와 구원을 묘사한 성서적 장면 ② 성 드니가 죽은 후 일어난 기적 ③ 성 베네딕토가 로마누스 은수자를 방문하는 장면 ④ 영국의 왕 에드먼드에 대한 이야기들이 조각된 기둥을 더욱 세심하게 살펴볼 것을 권한다.

또한 부르봉 왕들의 유해 없는 기념비도 있고 루이 17세의 심장은 유리병 속에 담겨있다.

스테인드글라스 les vitraux

12세기에 처음으로 이 성당에 고딕 건축 양식이 나타나고, 쉬제르 수도원 장의 지시로 샤뻴에 색깔을 입힌 유리창이 설치되었는데 프랑스에서 가장 오래된 것으로 간주되고 있다. 그중에 그리스도의 혈통을 나타내는 '이새의 나무(l'arbre de Jessé)'는 샤르트르 대성당을 비롯한 여러 성당에 영향을 끼쳤다.

또한 성 바오로의 '우화의 창(allégorie de Saint Paul)'이라는 제목을 가진 다섯 개의 원으로 이뤄진 작품이 있는데 맨 위에 있는 원은 '아미나답의 전차(le quadrige d'Aminadab)'라고 한다. 약간의 설명을 하자면 두 팔을 벌린 하느님이 십자가에 못 박힌 아들을 품에 안고 있다. 오랫동안 고통받는 '삼위일체' 또는 '은혜의 왕좌'라고 표현되어 왔는데, 이 성당에는 하느님과 십자가를 진 아들이 네 바퀴가 달린 상자 위에 그려져 있어서 아미나답의 전차라고 한다.

아미나답이 누구인가 하는 것은 여러 가지 설이 있는데 다윗 왕의 7대 조부로 보는 학자들이 많다고 한다. 마차에는 반쯤 열린 언약의 궤가 놓여있고 그 속에는 모자이크로 된 율법을 새긴 판, 꽃으로 장식한 종려나무 그리고 시나이 사막의 만나로 채워진 병이 있고, 가운데에는 섬세하게 세공된 초록색 십자가가 구세주의 품에 안겨 있다. 네 명의 복음사가들은 각자의 복음서를 들고 마차를 쳐다보며 기뻐하는데 특히 황소와 사자는 마치 개선장군처럼 보인다. 이처럼 구약성서의 내용을 소재로 만든 작품이 대부분이지만 남쪽 날개 부분에는 근세에 있었던 어느 하루를 설명 문구까지 넣어서

아미나답의 전차

왕의 시찰

만든 것도 있다.

루이 필립왕이 공사 진행 상황을 시찰하러 성당을 방문한 광경을 표현한 대작이 바로 '왕의 시찰'이다. '루이 필립 왕이 가족을 거느리고 1837년 7월 24일 생 드니 수도원의 작업장을 방문하다(Louis-Philippe Roi des Français accompagné de Sa Famille visite les Travaux de l'Abbaye royale de St Denis Le 24 Juillet 1837)'라고 쓰여 있어서 찾기 쉽다.

regalia 왕족의 상징으로 왕관, 정의의 손, 왕홀, 대관식 옷 등등

생 드니에 있는 보물은 대관식이 있을 때마다 랭스 대성당에서 가져온 것들로 유명하지만, 역사의 격동기를 거치면서 대부분 도둑맞았다. 지금 성당에는 1824년 루이 18세의 장례식 때 쓰였던 휘장들과 370개의 금 백합이 수놓아진 자주색 명주 빌로드 망토, 투구와 장식, 박차, 금으로 된 장갑, 샤를르 5세의 왕홀, 샤를마뉴 대제의 검, 정의의 손 그리고 왕관 등 왕의 권위를 상징하는 보물들이 다수 보관되어 있다.

성직자석 les stalles

제단 앞에 양쪽으로 자리하고 있는 성직자석은 16세기 작품인데 색깔을 넣어서 쪽매붙임으로 '역품천신(les Vertus)'과 '무당들(les Sibylles)'을 표현하고 '그리스도와 마리아의 생애' 그리고 '세례 요한의 순교'를 부조로 새겨 넣은 아주 아름다운 작품이다.

생 드니는 누구일까?

파리의 수호성인인 드니는 245년에 기독교를 전파하기 위해 이탈리아에서 여섯 명의 동료와 함께 골(지금의 프랑스)지방에 온다. 로마의 주교였다가 나중에 성인이 된 빵크라스의 삼촌인 그는 프랑스에 많은 교회를 짓고 250년경 동료 사제 뤼스띠끄, 부제 엘뤼떼르와 함께 몽마르트르에서 순교를 한다.

몽 마르트르(Mont des Martyres)는 순교자의 산이란 뜻으로, 이 언덕에서 수많은 기독교도들의 뼈가 발굴되었다.

전설에 의하면 드니는 잘려진 자기의 머리를 팔에 안고서 자기가 묻힐 장소까지 약 8km를 걸어갔다고 하는데, 거기가 바로 생 드니 바실리크가 자리 잡고 있는 곳이다.

Info

월~토: 10h~18h 15

일: 12h~18h 15

성인 요금: 9유로(쿠폰 제시하면 7유로)

왕의 장갑

수도자석

방에서 보이는 주아르 교회

베네딕토
봉쇄수녀원 Abbaye Notre-Dame de Jouarre

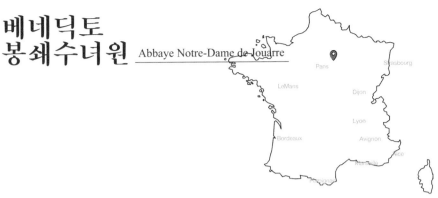

놀라운 인연

파리 동쪽 67km에 있는 주아르라는 도시에 7세기 지하 무덤이 있다는 정보만 가지고, 우리는 2013년 여름 37박 여행의 마지막 3일을 이 수녀원에서 머물기로 했다. 수녀원은 평지에 자리 잡고 있어서 찾아가는 길이 어렵지는 않았지만, 8월 말인지라 가을비가 오전 내내 내려 춥고 고향생각이 간절해지는 날이었다.

수녀원 안내소에 가니 아주 연로한 수녀가 창구에 앉아 있다가 반갑게 맞아주며 뭐라고 자꾸 말을 하는데, 나의 짧은 프랑스어 실력으로는 당최 무슨 말인지 알아듣기가 어려웠다.

자세히 들어보니 그 수녀는 뭔가 오해를 하고 있는 것 같아 보였다. 우리가 숙소를 예약 했다고 했더니 그제서야 뒤쪽으로 돌아가라고 알려준다. 숙소 담당 수녀 안느가 이런 저런 설명을 해주면서, 여기 한국인 수녀가 있는데 오늘 가족이 올 거라고 한다. 그래서 안내소 수녀가 우리를 그 가족으로 생각했었나 보다.

우리는 2층에 있는 방을 배정받았는데, 군더더기 없이 있을 것만 있는 깨끗한 방으로 창을 통해 교회 꼭대기에 매달린 수탉이 보이는 아주 전망이 좋은 곳이었다.

다음 날, 점심을 먹고 있는데 한국 수녀의 식구들인지 동양인 여성 네 명이 옆을 휙 지나 식당 옆으로 사라진다. 저녁 식사 때도 몇 번이나 그녀들과 마주쳤지만 서로 말은 건네지 못했다.

3일째 되는 날 아침 식사를 마치고 8시 반 미사에 가보니 수녀의 엄마가 앉아 있었다. 간절한 시선이 줄곧 자기 딸 쪽을 향하고 있는데, 그 모습이 왜 그리 눈물이 나는지….

미사가 끝난 후 내가 먼저 말을 걸었다. 수녀의 엄마는 82살이고, 두 여인은 딸의 제자들이라고 아주 담담하게 말하는데, 얼굴에는 아무런 표정이 없었다. 어쩌면 이번이 마지막일지도 모른다는 생각에 그저 넋이 나갔다는 표현이 맞을지….

우리 부부도 그 수녀가 보고싶어 안느 수녀에게 접견 신청을 했더니, 11시 반으로 시간을 정해준다. 수녀가 지정해 준 제롬방에 들어가 얼굴도 모르는 수녀를 기다린다. 괜한 짓을 하는건 아닌가 괴로운 심정이 들기도 하고 머릿속이 복잡한데, 어디선가 발걸음 소리가 들리더니 수녀가 활짝 웃으며 들어오는 것이 아닌가.

이런 저런 얘기를 하다 보니 세상에나 그녀는 나의 대학 후배였다. 대학원을 마치고 유학 왔다가 수녀가 되었단다. 외국의 봉쇄수녀원에서 동문을 만나다니 놀랍기만 했다. 너무 바쁜 수도생활이 힘들법도 한데 오히려 바빠서 좋다고 하니 다행이다. 헤어질 때 서로 껴안고 등을 쓸어주며 왈칵 눈물이 나오는데, 그녀의 붉어진 눈매가 내 마음을 더 아프게 한다. 수도 생활에 정진하고 있는 사람을 어지럽게 한 건 아닌지 걱정이 된다고 했더니 "모국어로 대화해서 너무 행복하다"라며 우리를 안심시켜 주었다.

우리 부부는 다음 해에도 이 수녀원에 들러 수녀를 접견하는 기회를 가졌는데, 헤어질 때는 역시나 마음이 아팠다.

수녀원의 역사

다고베르 왕 시대에는 궁정 학교에 고위 공직자의 자식들을 모아서, 교양을 넓혀주고 왕의 행정관을 양성하는 교육을 시켰다. 왕은 그들 중에서 장관과 주교를 뽑고 때로는 두 가지를 다 겸하는 사람도 뽑았다. 궁중의 높은 관리였던 오떼르(Authaire)도 세 아들(Dadon:Saint Ouen, Radon, Adon)을 궁중에서 교육시켰다. 그 당시 골 지방은 인구가 적고 나무로 뒤덮힌 척박한 땅으로, 고관들만 비옥한 땅을 차지하고 있었는데 오떼르도 예외는 아니었다.

610년 경 그의 아내는 아일랜드를 떠나 이탈리아로 가고 있던 유명한 수도사 성 콜롬바노를 집에 초대하여 어린 세 아들들에게 축복을 내려주도록 청한다.

그 후 세 아들은 궁중에서 수준 높은 교육을 받아 왕의 측근에서 중책을 맡았는데, 생뚜엉이라고 불리는 '다동'은 수상과 장관, '라동'은 왕의 재정관 그리고 '아동'은 회계 감사관직에 올랐으나 막내 '아동'은 수도사가 되기 위해 일찍 궁정을 떠났다.

'아동'은 635년 경 주아르에 남자 수도원을 세웠다. 형들도 후에 수도원을 세우지만 대혁명 때 파괴되고 지금은 주아르의 수도원만 남아있다.

아질베르와 아브레지질도 '아동'에게 와서 수도사가 되었고, 오뗴르의 두 번째 아내인 모드와 여동생 발드도 조카들(Theodlecheldis, Telchilde, Aguilberte)을 데리고 여자 수도원을 만들기 위해 주아르에 오게 되니, 남녀 수도사가 같은 장소에서 수도 생활을 하는 혼성 수도원이 만들어졌고 뗄쉴드가 초대 수녀원장이 된다.

그들은 처음에 노트르담 교회를 지었는데 옛 탑의 입구가 아직도 메로빙거 시대의 흔적을 지니고 있고, 작은 바실리크와 지하 무덤도 만들었지만 바실리크는 없어졌다. 수도원은 9~10세기에 찬란한 꽃을 피우며 순례의 중심지가 된다.

그러나 번영도 순간에 지나지 않았으니 성 바로톨로매오 학살(1572년 8월 24일 : 카톨릭 교회 추종자들이 개신교도를 3만 명에서 7만 명 정도를 학살한 사건) 때, 당시 수도원장인 샤르롯뜨는 개신교로 개종하고 건초 실은 마차에 숨어 독일로 도망간다.

대혁명이 일어나자 수녀들은 해산되고 교회는 팔려서 해체되었다. 18세기 말에 수녀들이 하나 둘 모여들어 창고에 살며 주민들이 제공해주는 식사로 겨우 연명하며 좋은 시절이 오길 꿈꾸다가, 19세기에 국고로 팔렸던 건물들을 사들여 복구했지만 옛날의 모습을 찾지 못하고 오늘에 이르고 있다.

지하묘지

성 베드로 교회를 지나면 광장이 나오고, 광장 가운데는 바위를 깎아 만든 13세기 십자가가 서 있다. 잘 살펴보면 아이를 안은 성모가 조각되어 있는데 이끼가 잔뜩 끼어 있다.

광장 모퉁이에는 절반이 묻혀있는 조촐한 건물이 있는데, 프랑스에 남아있는 가장 아름다운 기념물 중의 하나인 메로빙거 시대의 지하 무덤이다. 사람들이 이 지하 무덤을 보려고 주아르에 온다고 해도 과언이 아니다. 이곳은 가이드를 동반해야 구경할 수 있고, 사진 촬영도 금지되어 있다. 근처에 있는 '여행 안내소'에 가서 얘기하면 시간을 정해 준다.

13세기 십자가

Info

안내소 운영 시간: 월 · 수 · 목 · 금: 10h 30~12h, 14h 30~18h

토 · 일: 10h 30~12h, 14h~18h

· 지하 무덤의 기원

바실리크와 성 바오로 지하 무덤의 기원은 확실하진 않지만 수도원 설립자 가족의 영묘로 지은 것은 확실하다.

1869~1870년에 발굴하면서 길이 20미터인 작은 바실리크의 흔적을 찾아냈는데, 역사가들은 지하묘지와 바실리크가 같은 시기(664년)에 지어졌다고 결론을 내렸다. 무덤들은 모두 동쪽을 향하고 있으니, 다시 말하자면 발이 '해 뜨는 쪽'에 놓여 있는 구조다.

·묘지 내부의 구조

천장을 받치고 있는 세로 홈이 파인 기둥들은 지하 무덤을 세 구역으로 나뉘게 한다. 기둥들은 갈로 로맹 시대의 건축물에서 나온 자재들을 재사용하고 있다. 기둥머리 장식은 아칸서스 이파리, 달걀 모양 장식, 손잡이가 있는 꽃바구니 등이 있는데 찬란했던 메로빙거 시대의 예술을 보여준다.

·석관과 기념묘

수도원 설립자의 가족이 이 지하묘지에 모두 묻혀있는데, 간단하게 그려보면 다음과 같다.

A	B	C	D	E	F	H
G						

A) 아동Adon(수도원 설립자)

B) 오산느Osanne(7세기 아일랜드 공주, 수녀)

C) 발드Balde(세 번째 여자 수도원장으로 뗄쉴드와 아길베르트의 숙모)

D) 뗄쉴드Telchilde(=떼오데쉴드, 첫 번째 여자 수도원장)의 기념묘

E) 모드Mode(아동의 계모)의 기념묘

F) 아길베르트Aguilberte(두 번째 여자 수도원장)의 기념묘

G) 아질베르Agilbert(파리의 주교이며 떼오데쉴드의 동생)

H) 에브레지질Ébrégisile(주교이며 아길베트르의 남동생)

위에 순서대로 줄을 맞춰서 누워 있다. 석관 sacrophage은 유해가 들어 있는 묘인 반면, 세노따프(cénotaphe)는 유해는 없는 기념묘이다.

A) 아동의 묘

깊숙한 곳에 보이는 묘석이 주아르 수도원 설립자인 아동의 유해를 품고 있는 석회석 묘를 덮고 있다. 정비 작업할 당시 석회석 묘가 땅에 구르고 있는 것을 제자리에 갖다 놓았다.

B) 오산느의 묘

무덤 위에 누워 있는 동상은 1268년에 제작한 것으로 아주 아름다운 작품이다. 1843년 무덤을 열었을 때 뼈의 일부분과 빨간색(왕비의 색깔) 베일 조각, 진주와 금으로 장식한 십자가 모양의 단추 한 개가 나왔다.

C) 발드의 묘

반쯤 묻힌 석관은 메로빙거 시대에 많이 쓰였던 석회석으로 되어 있다. 1884년에 관을 열었을 때 유해가 완벽한 모양을 하고 있었다고 한다. 발치에는 두 사람이 묘석을 장식하고 있는 아주 흥미로운 부조가 있는데, 향로를 들고 있는 천사가 맨발에 튜닉을 입고 있는 동료를 이끌고 있으나 많이 훼손되어 동료가 뭘 들고 있는지는 현재로서는 알 수 없다.

D) 뗄쉴드의 기념묘

이 기념묘의 장식은 중세시대의 가장 완벽한 작품 중의 하나로, 주아르의 걸작이라고 할 만큼 훌륭하다. 남쪽과 북쪽 면에는 조개무늬가 두 줄로 조각되어 있고 라틴어로 세 줄이 쓰여 있다.

일부러 그런 것인지 모르겠는데, 북쪽 면은 볼록하게 조각하고 남쪽 면은 조가비랑 글씨를 움푹 파서, 두 면을 겹쳐보면 딱 맞을 것 같은 느낌이 든다. 생명과 불멸의 상징인 조가비는 영적 풍요의 상징이기도 해서, 여러 세대에 걸쳐 교회에 많이 장식되어 왔다.

참고로 북쪽 면에 새겨진 라틴어를 해석해 보면 다음과 같다.

뗄쉴드의 묘석

이 무덤은 귀족 가문에서 태어나,
흠없는 처녀로 살면서 공덕을 쌓고
열성적인 품성으로 교리에 맞게
평생을 살았던 떼오데쉴드의
유골을 보관하고 있다.
이 수도원의 어머니로서,
램프에 기름을 가득 채우고
신랑을 기다렸던 현명한 처녀들처럼
수녀들이 하느님께 자신을 바치고
그리스도를 향해 달려가도록 가르쳤다.
죽어서 그녀는 마침내
천국의 승리를 맛보며 몹시 기뻐하는 도다

E) 모드의 기념묘

오떼르의 둘째 아내이자 아동의 계모 그리고 말년에는 이곳 수도원에서 수녀로 살았던 모드의 기념비로 1841년에 다시 만들었다.

F) 아길베르트의 묘

주아르의 두 번째 여자 수도원장인 아길베르트의 아름다운 장식이 있는 석관은 1627년 발굴 때 제자리를 찾았다. 원, 네모, 마름모, 꽃 등이 아주 섬세하고 아름답게 조각되어 있는데 동방, 이슬람 그리고 콥트 예술에서 영향을 받았다고 볼 수 있다.

G) 아질베르의 묘

주아르의 수도사이자 뗄쉴드의 동생으로 배움을 위해 아일랜드로 가서 색슨 지방의 주교가 되었으나 언어 소통이 잘 되지 않아, 664년에 다시 프랑스로 돌아와 주아르에 지하묘지와 장례용 바실리크를 세우고 667년에 파리의 주교에 임명된다. 켄터베리 주교관에 가기 위해 좋은 절기를 기다리다가 젊은 나이에 그만 죽고 만다.(650년 경~680년 경)

그의 묘에는 뛰어난 부조 두 점이 있는데 오른쪽 큰 작품에는 허리띠와 긴 옷을 걸치고 팔을 높이 들어 올리고 있는 여러 사람이 성경 두루마리를 펼쳐들고 있는 예수를 에워싸고 있다. 옆에서 세 명의 천사가 이 장면을 들어 올리는 것을 보면 아마도 '선택받은 사람들'을 조각한 것으로 생각되는데 상당 부분이 훼손되어 안타깝다.

머릿돌에는 왕좌에 앉아 성경을 펼쳐들고 있는 '영광의 그리스도'가 조각되어 있는데 십자가가 새겨진 후광에 싸인 그는 극단적으로 젊게 표현되어 있다. 네 귀퉁이에는 복음사가를 상징하는 사람(마테오), 사자(마르꼬), 황소(루까), 독수리(요한)가 성경을 두르고 있다.

아질베르의 유해는 성베드로 교회에 안치되어 있고 이 석관은 현재는 비어 있다.

H) 에브레지질의 묘

모(Meaux)의 주교이자 아길베르트의 남동생인 에브레지질의 묘이다. 7세기 말에 사망했는데 1627년에 유골을 꺼내 석고로 된 관뚜껑 안에 안치했다가, 1843년에 돌로 된 관뚜껑으로 바꾸었다.

성 베드로 교회 église Saint-Pierre

7세기 메로빙거 시대에 지어진 이 교회는 백년 전쟁 때 불에 타서, 16세기에 다시 지은 것이다. 육중한 기둥이 회중석을 셋으로 분리시켜주고, 회중석 왼쪽에는 13세기에 만든 세례반과 14세기의 묘석이 있다. 특히 주목해서 봐야할 것은 15세기 피에타상, 16세기의 '무덤에 묻힘: mise au tombeau', 중세 시대의 성 유골함, 고전적인 스테인드글라스 등이다.

로마네스크식 탑 la tour romane

카로링거 시대의 폐허 위에 지어진 11세기 수도원 부속 교회의 종탑으로 나선형 층계를 통해 올라갈 수 있다. 100년 전쟁 당시 영국군이 불을 질러서 지금은 석회 벽만 남아 있고, 나무 바닥은 부서졌으며 검게 탄 돌들만이 화재의 참혹함을 말해주고 있다.

15세기에 첨탑을 만들어 그 꼭대기에 있는 금속 공 안에 유해를 보관했다. 16세기에는 마들렌느(Madeleine: 1515~1543)수도원장이 서둘러서 탑을 보수하고,

홍예 머릿돌 문장

3층 홍예 머릿돌(clef de voûte)에 두 마리 사자가 지지하는 문장에 프랑스와 1세의 동생인 마들렌느의 가문을 상징하는 백합 세 송이로 장식했다. 프랑스와 1세는 누이 동생을 만나기 위해 이 수도원을 두 번(1533년, 1537년)이나 의사를 데리고 방문했다고 하니, 왕은 병약한 이복 여동생을 끔찍이 위했던 것 같다.

　19세기에 들어와 첨탑이 사라지고 한 층을 축소했다. 계곡을 한 눈에 내려다보는 전망 덕에 1914년 마른(Marne) 전투 때 관측 장소로 쓰였고 1914년과 1940년에는 폭격을 당했으며, 1951년에는 번개에 맞았지만 <les Amis de l'Abbaye: 수도원의 친구들>의 후원으로 다시 복구되어 1층에는 수녀들이 운영하는 가게가 있고, 맨 위층에는 80여 명의 수녀들의 작업하는 모습, 작업장 등 일상을 보여주는 비디오 시설이 있다.

수도원 교회

아무리 엄격한 봉쇄 수도원일지라도 신자를 위해 교회는 항상 개방한다. 이 교회는 현대식으로 개조해서 별 특징이 없고, 그저 정갈하다는 느낌이었는데 미사 후 수녀가 두 명씩 짝을 맞춰 군인처럼 나가는 게 참 인상적이었다. 미사 중에 신부님 시중을 들어주고 성가 시작을 알리는 신호를 짧게 해주는, 이를테면 지휘자와 같은 일은 수녀들에게는 아주 영광스런 일이라고 하는데, 그 일을 우리 한국인 수녀가 하고 있으니 자랑스럽지 않을 수 없다.

빠리지엔느 베아트리스Béatrice Thiriet와의 인연

2011년 가을 설악산 오색의 한 호텔에서 아침을 먹고 있는데 서양 여자 둘이 들어왔다. 아침 메뉴로는 미역국, 황태국, 우거지국과 아메리칸 브랙퍼스트가 있었는데, 난 그들이 어떤 걸 고를까 몹시 궁금하기도 했고, 혹시 도움을 청하면 미역국을 추천하고 싶은 마음이 있었다. 한참 메뉴판을 들여다보더니 안타깝게도 그들은 서양식을 고르고 말았다. 식당에는 우리 부부와 그들 뿐이라서 젓가락 놀리는 소리까지 신경이 쓰일 정도로 조용했는데, 뜻밖에도 그들이 프랑스어로 대화하는 게 들려왔다. 내가 프랑스에서 왔느냐고 물었더니, 그렇다고 하면서 이런 산중에서 불어를 하는 사람을 만난 것을 대단히 신기해 한다. 인사동 같은 곳에서 그들을 만났다면 그다지 놀랄일도 아니겠으나 설악산에서 프랑스 여자들을 만나다니 나도 놀랍기는 마찬가지였다. 어떻게 이 산중엘 오게 됐냐고 물었더니 "왜 안되느냐?"고 되물으며 활짝 웃는다. 그러면서 설악산 등반을 모두 마치면 다음 날 안동으로 갈 거라고 하면서 배낭을 메고 씩씩하게 호텔을 나선다. 저녁에 그들을 우리 방에 초대하려고 양양 읍내에 나가 배, 밤, 송편 등을 사다 놓고, 어떻게 하면 그들을 도와줄 수 있을지 많은 궁리를 했다. 양양에서는 안동가는 버스가 없으니 호텔 앞에서 버스를 타고 양양에 가서 다시 속초까지 가야 되는데, 시간도 많이 걸리니 우리가 속초까지 데려다 주기로 결정을 했다. 그들이 하산하길 기다렸다가 저녁을 사줬더니 매운 음식도 곧잘 먹으며 즐거운 시간을 보냈다.

식사가 끝나고 우리 방에 가서 과일과 송편을 먹으며 이런 저런 얘기를 하다보니 그중 한 아가씨의 이름은 베아트리스이고 그녀는 제약회사에, 또 한 아가씨는 금융회사에 다니는 골드 미스들이다. 다음 일정을 얘기하다가 교통편이 불편하고 시간도 많이 걸리니 우리가 속초까지 태워다 주겠다고 했더니 몹시 놀라면서 눈을 동그랗게 뜨고 팔짝 뛴다. "도대체 왜 도와주려 하느냐?"고 해서 "유럽 여행하면서 많은 도움을 받았기 때문에 우리도 너희를 도와주고 싶다"고 했더니 섭섭할 정도로 정색을 하며 거절한다. 여행 가이드 북에 지나친 친절을 조심하라고 쓰여 있었는지, 우리의 배려가 지나쳐서 간섭으로 느껴졌는지, 동서양의 사고방식의 차이 때문인지는 모르겠으나 거절을 당하는 것이 기분 좋은 일은 아니었다.

그들이 떠난 후에 안동까지 잘 갔을까 항상 궁금했는데 "그때 도움을 받을걸 후회했다. 너무 고생했고 시간이 촉박해서 비행기도 겨우 탔다"는 메일을 보내왔다.

베즐레가 고향인 베아트리스와는 서툰 문장으로 메일을 주고 받다가, 주아르 수녀원에 묵으면서 어렵게 연락이 닿아 파리 서쪽에 있는 그녀의 집을 방문하게 되었다.

그녀가 마련한 맛있는 저녁을 먹고 작별을 고하면서 주아르까지 80km를 가야 한다고 했더니 깜짝 놀라면서 자고 가라고 했지만, 그 다음 날이 한국으로 돌아오는 날이라 정중히 거절하고 우리는 깜깜하고 익숙하지 않은 고속도로를 달려 무사히 수녀원에 도착했다. 안느 수녀가 가르쳐준 대문 비밀 번호를 이렇게 요긴하게 쓰게 될 줄은 꿈에도 생각지 못했는데(우리는 밤에는 절대 돌아 다니지 않기 때문에, 비밀 번호 같은 거에 별로 신경도 안 쓰고 귀담아 듣지도 않는 편), 기억을 더듬어 숫자 몇 개를 누르니 절대 열리지 않을 것처럼 굳게 닫혀있던 대문이 큰 소리도 내지 않고 스르르 쥐도 새도 모르게 열려 우리 방으로 올라갈 수 있었다.

그 후로도 몇 차례 소식을 주거니 받거니 하다가 나의 불어 실력이 짧아서인지, 그녀가 바빠져서인지 요즘엔 무소식이 희소식이겠지 하며 살고 있지만 자주 생각나는 사람이다. Bonjour, Béatrice!

Info

수녀원 주소: Abbaye Notre-Dame 6 rue Montmorin 77640 Jouarre, France

가게 운영 시간: 월·수·목·금: 14h 30~18h

토: 11h~12h 15, 14h 30~18h

일: 10h 45~12h 15, 14h 30~18h

미사 시간표: 일: 9h 45

평일: 8h 30

주아르 성모상

주아르 십자가

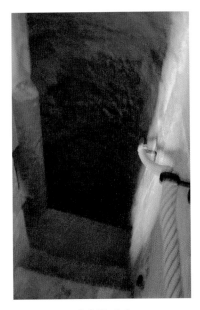

나선형 계단

훼손된 벽

쏠렘 수도원 교회 전경

그레고리안 성가의 요람: 쏠렘 수도원 Abbaye Saint Pierre de Solesmes

☖ 쏠렘의 성 베드로 수도원은 그레고리안 성가로 아주 유명한 곳이다. 쏠렘은 르망(Le Mans) 남서쪽 59km, 라발 동남쪽 47km, 앙제 북쪽 64km에 있는 도시로 인구는 1,200명 정도인데, 2012년 여름에 처음 이 도시에 들어갔을 때의 인상은 도시가 너무 깨끗하다는 것과 거리에 사람이 한 명도 없고 햇볕만 따가웠다는 것, 그리고 담장 위에는 여러 가지 야생 다육이 꽃이 피어 있었다는 것 정도였다. 사람은 안 보이는데 주차할 곳이 없어서 골목 깊숙이 들어가 차를 세웠던 기억이 난다.

수도원 교회

1010년에 처음 지은 수도원은 여러 번의 보수 공사 결과 로마네스크 양식과 고딕 양식이 조화를 이루는 외관을 갖추게 되었다.

여느 수도원과 마찬가지로 쏠렘도 일반인의 출입금지는 예외가 아니지만, 수도원 교회(église abbatiale)만은 항상 열려 있으므로 누구라도 수도사들의 의식에 참여할 수 있다. 수도원 교회는 1375년에 지어졌는데, 옛날 못으로 소박하게 장식된 갈색 문으로 들어가면 된다.

대문의 왼쪽 벽에는 15세기에 만든 '아기 안은 마리아상'이 있고, 대각선 왼쪽에 남색 대문이 있다.

회중석

문으로 들어가면 우선 회중석이 아주 좁으면서 길고 어둡지만, 제단 쪽으로 걸어 들어가면서 점점 어둠에 익숙해진다.

오른편에 있는 현대적인 스테인드글라스는 쟝 에베르 스티븐스(Jean Hébert-Stevens 1888.7.28-1943.3.7), 모리스 드니(Maurice Denis 1870.11.25-1943.11.13), 뽈린 뾔니에(Pauline Peugniez1890.4.28-1987)의 작품이다.

남쪽 익부(건물 좌우 돌출 부분)

남쪽 익부의 제단은 '성 십자가'에 봉헌되었다. 르네상스식 주랑 아래에는 돌로 만든 아름다운 쏠렘 피에타 상이 있고, 그 아래로 16세기에 마르끄 앙뜨완 레이몽디(Marc-Antoine Raimondi)가 조각한 '죄없는 이들의 학살'이 있다.

예수 무덤에 들어가다

익부 안쪽 매장터의 낮은 천장 아래에는 수의를 입은 예수가 사지를 늘어뜨린 채 마치 잠자는 것처럼 평온하게 쉬고 있다. 양쪽 끝에서는 두 귀족(왼쪽은 요셉 아리마티인데 터번을 쓰고 아주 값진 수단을 입고 있으며, 오른쪽은 15세기 기부자의 얼굴을 아

쏠렘 피에타상

예수 무덤에 들어가다

성모 무덤에 묻힘

주 사실적으로 묘사했다.)이 꼿꼿이 서서 염포의 끝을 잡고 있는데, 바야흐로 예수의 시신을 석관에 내려놓으려 하는 것처럼 보인다. 모두가 예수를 바라보고 있는데, 가운데는 성 요한의 부축을 받고 있는 성모 마리아이고, 오른쪽은 마리아 클레오파스(클레오파스의 아내이며 소 야고보의 어머니)와 마리아 살로메(제베데오의 아내이며 사도 야고보와 요한의 어머니)가 우아하게 차려입고 머리에는 두건을 휘감고 있다. 왼쪽에는 니코데모가 몰약 병을 들고 있는데, 모든 사람들의 자연스럽고도 조촐한 태도와 달리 얼굴에는 깊은 비장함이 느껴진다. 예수의 발치에는 막달라 마리아가 주저앉아서 무덤을 바라보고 있는데, 향유 항아리를 앞에 놓고 손을 맞잡은 채 기도하며 깊은 사색에 잠겨있다.

매장 터 벽에는 반신만 조각된 매력적인 아기 천사가 네 명이 붙어있는데, 둘은 촛대를 들고 있고, 다른 하나는 예수의 땀이 베어있는 베로니카의 베일을 펼쳐 보이고 있고, 또 하나는 유다의 돈 주머니를 들고 눈물을 훔치고 있는 모습이다. 거기에 고딕으로 <Factus est in pace locus eius>라고 쓰여 있는 것은 <그는 평화롭게 잠들고 있다>라고 해석된다.

가운데 비어있는 십자가

　무덤 위에는 십자가가 세 개 있는데 왼쪽의 도적은 회개하는 듯 하늘을 바라보고 있고, 오른쪽 도적은 슬프게 땅을 내려다보고 있다. 가운데 십자가는 비어 있는데, 예수는 매장하기 위해 이미 내려졌기 때문이다. 십자가 사이에 보이는 다비드와 이사야는 '부활'을 알려주고 있고, 천사들은 채찍·가시관·못·창 등 예수 수난에 쓰인 도구들을 들고 있다.

북쪽 날개

　북쪽 날개에는 성모에게 봉헌된 <아름다운 샤뻴: Belle chapelle>이 있다. 16세기에 만든 엄청난 장식 앞에서는 누구라도 발걸음을 멈출 수밖에 없다.

·기절(La Pâmoison)

　사도들 가운데 기절해 있는 성모를 베드로 성인과 요한 성인이 붙들고 있다. 성모는 감격에 벅차 죽어가고 있는데, 쏠렘에서 이 장면은 흔히 '경련' 또는 '기절'이라고 부른다고 한다.

·매장과 승천

'성모 무덤에 묻힘'은 예수 무덤과 흡사하지만 더 조화롭고 더 감동적인 장면을 연출하고 있다. 성모의 수의를 네 명이 붙들고 있는데, 오른쪽의 한 명은 이 작품을 만들게 한 쏠렘의 수도원장 장 부글레라고 한다. 위 칸에는 '성모 승천' 장면이 있는데 꼭대기에 '어머니'를 찾으러 온 예수가 그녀를 하늘(천국)로 이끌면서 머리에 왕관을 씌워준다. 이렇게 그녀는 '언약의 궤'는 아래에 두고, 두 지품천사와 사도들에게 '황금탁자'를 들게 한 후 '신의 영광' 안으로 들어가게 되는 것이다.

·성모의 승리

'성모 승천' 오른쪽에 있는 장면으로, 날개달린 여인은 '성모'를 상징하는데 아주 젊은 처녀의 모습으로 상반신만 나와 있다.

길게 늘어뜨린 머리카락은 옷을 대신하고, 천사들은 왕관을 들고 구름에 쌓인 그녀를 에워싸고 있다. 아래에는 여섯 가지 '덕목(겸손·믿음·강인함·신중함·정의·절제)'을 들고 있는 여섯 명의 여인이 있는데, 성모가 태어나서부터 죽을 때까지 이 덕목을 중요하게 여기고 실천했다고 하며 이 작품 제작을 의뢰한 부글러는 특히 '겸손'을 강조했다고 한다.

·사원에서 찾음

창문 아래쪽에 있는 '어린 예수 사원에서 찾음'을 보면 어린 예수가 박사들 사이에 서 있고, 박사들은 그 당시의 대학 교수의 복장과 모자를 쓰고 있다. 몇 가지 태도로 봐서 종교 개혁가들을 알아 볼 수 있는데, '메리메(Mérimée)는 맨 오른쪽에 서 있는 사람이 루터(1483.11.10~1546.2.18)'라고 했다.

성모의 승리

CD

2012년 여름에 처음 쏠렘에 갔을 때, 백 명이 넘는 이 수도원의 수도사가 그레고리안 성가를 부르며 진행하는 미사에 참여한 적이 있다. 이곳은 평지에 있고 세계적으로 유명한 수도원이라 그런지 수도사가 상당히 많은 편에 속한다. 반주도 없는데 어떻게 그렇게 틀리지 않고 잘 맞춰 부르는지 놀라웠다. 아마도 겸손함을 갖고 욕심 없이 불러서 그런 음색과 화음이 나오지 않을까?

그때 보니까 제단 앞 양쪽으로 수도사들이 의자에 앉아있고, 가운데 회중석에는 종교인과 피정 온 사람들의 좌석이 있고, 일반 신자들은 그 뒤에 앉게 되어 있었다. 이 수도원은 남자 신자만 피정에 참가할 수 있다.

수도원 입구에 가게가 있어서 들어가 보니 물건들이 아주 깔끔하게 정리되어 있고, 연로한 수사님이 계산대에 앉아 있다. 성가로 유명한 수도원답게 CD가 너무 많아 이것저것 들었다 놨다를 거듭하다가 딱 고른 것이 <Défunts. Dédicace>였다. 죽은자를 위한 미사(Messe des Morts), 장례미사(Les Funérailles), 교회 봉헌식(Fête de la Dédicace d'une église) 이렇게 구성되어 75분 정도가 소요되는데, 우리는 지금도 일요일마다 이 음악을 들으며 쏠렘의 분위기를 되새기곤 한다.

Info

수도원 주소: 1 place Dom Guéranger 72300 Solesmes France

그레고리안 미사: 매일 9시 45분

미사: 9시 30분(평일), 9시 45분(주일)

교회와 수녀

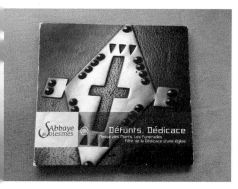

CD사진

조각

성 베드로 교회 정면

너무나 특별한
쏘쥬 교회 Église Saint Pierre de Saulges

오래된 교회와 수도원을 위주로 다닌다고 했더니, 묵고 있던 호텔 여주인 카트린느가 추천해 준 교회가 바로 성 베드로 교회였다. [쏠쥬]가 아니고 [쏘쥬]라고 발음하는 이 동네에 아침 일찍 도착하여, 외관이 그럴듯해 보이는 교회가 있길래 나는 "너무 쉽게 찾아 왔네"라고 생각하면서도, 마침 마당에서 작업을 하고 있는 청년에게 여기가 성 베드로 교회냐고 물으니 오던 길을 조금 더 가면 된다고 일러준다.

인구 300명 정도의 작은 마을인지라 말 그대로 조금 가니 왼쪽에 아주 소박한 교회가 골목 속에 숨어있다. 자세히 보니 '8세기 성 베드로 교회(Église St Pierre 8e siècle)'라는 간판이 서 있다.

정면은 로마네스크 양식이고 출입문에 그 흔한 조각 장식 하나 없는 다소 싱거워 보이는 겉모습이지만 프랑스에서 가장 오래된 교회 중 하나이고, 안으로 들어가면 그야말로 감탄을 자아내게 하는 교회이다.

제단   스테인드글라스

교회 내부

메로빙거 시대의 지하묘지 위에 지어진 라틴십자가 형태인데, 처음에는
그리스 십자가 모양으로 지었다고 한다.

우선 출입문을 들어서면 아기자기한 규모와 특이한 구조에 깜짝 놀라게
되는데, 처음 발을 딛는 곳은 16세기에 만든 교회이다.

한 발짝만 걸으면 아래로 내려가는 계단이 있고, 조심스럽게 내려가면 거
기가 바로 이 교회의 보물인 8세기에 지은 성 세네레(Céneré) 샤뻴이다.

회중석의 측랑 부분만이 잘 보존된 원래의 모습이고 십자가형 유리창, 채
광창, 제단 그리고 익부의 북측 부분 등 잘 보존된 곳은 약간 후대에 지어진
것이다.

벽과 아치를 쌓은 돌 다루는 솜씨라든가 육중한 버팀돌을 바라보고 있노라면, 돌이 우리에게 많은 역사를 말해 준다는 걸 알 수 있다.

제단 위의 아치는 주변에 있었던 로마 유적지에서 나온 기와로 쌓은 것이라 하니 옛 것을 소중하게 다뤄 또 하나의 아름다운 예술로 탄생시키는 그들이 부럽기만 하다.

특별히 봐야 할 것들

이 교회는 돌 하나도 1200여년의 역사를 품고 있으니 어느 것 하나라도 대충 보면 아쉬움이 남을 것이고, 그 만큼 마음에 담아야 할 것이 많은 곳이다.

입구를 들어가면 왼쪽 구석에 하얀색 15세기 라틴 십자가가 보인다.

아래에 있는 샤뻴에는 볼 것이 너무 많은데 우선 투박한 듯 세련된 돌 제단이 있다. 그 뒤 벽에는 왼손에 열쇠를 들고 오른손으로는 하늘을 가리키는 예수가 있고 양쪽에는 붉은색 두 줄로 문구가 새겨져 있어서 멀리서 보면 마치 십자가처럼 보인다.

그래서인지 제단 위에는 십자가가 없고 성경책만이 올라가 있다.

두 줄로 된 문구는 "너는 이 반석 위의 수제자, 내 교회의 첫째가는 사람이니라"라고 해석된다.

더 위에는 지극히 꾀를 부리지 않은 창이 있고, 그 창의 왼쪽에는 성인 시포리엥, 오른쪽에는 두통과 이질로 고생했다는 성인 아베르땡이 들어가 있다.

그 외에도 순례자들이 몰려와서 봉헌한 동상들이 많이 있는데, 외투를 나눠주려고 하는 성 마르땡, 복자 메롤, 성 요셉과 아기 예수, 용을 무찌르는

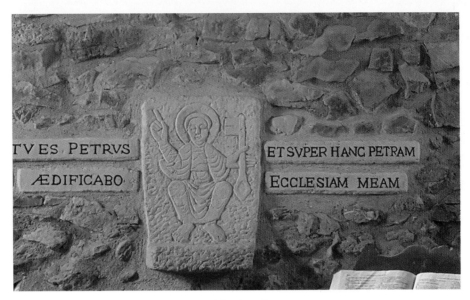

제단 뒤 조각

성 미카엘, 성녀 바르바라(Sainte Barbe), 동물의 보호자인 성 바비엥, 클로비스 왕의 며느리이며 순교자인 성녀 라드공드, 자신의 유해를 바라보고 있는 추기경 복장의 성 세네레, 아기 예수를 안고 지혜의 왕좌에 앉아있는 성모 등 성인 성녀의 특징을 콕 집어서 만든 자그마한 동상들이 보는 재미를 안겨준다. 또한 바닥에 있는 열쇠 모자이크, 당장이라도 뛰어갈 것 같은 사슴 그리고 벽에 그려진 프레스코화도 볼 만하다.

성 세네레 기도처 Oratoire de Saint Cénéré

마을에서 1km 정도 떨어진 산 속, 강 가에 있는 성 세네레의 은둔처는 자동차는 접근 할 수 없으니 들판 한 가운데 있는 식당 옆에 세우든가 아니면 마을에서부터 베쥬(Vaiges) 방향으로 천천히 걸어가도 좋다.

7세기부터 은둔처 뒤에 예배당이 세워지면서 샘이 솟구쳐 올라왔다는 전설과 함께 세네레 성인이 장님과 중풍환자를 고쳤다는 얘기도 전해지고 있다. 13세기부터는 8월 15일에 끊임없이 순례객들이 모여드는 곳으로 샤뻴 내부에는 성심, 성모, 성 요셉 그리고 성 알렉산더(Saint Alexandre)를 형상화한 스테인드글라스가 있고 아래 동굴에는 채색된 세네레 성인과 지금도 쫄쫄 나오는 샘물, 그리고 오줌누는 작은 성인상이 있다.

세네레 성인

세네레는 600년 경에 로마 근처 스폴레또의 기독교 집안에서 태어나 자연스럽게 베네딕토 수도사가 된 후 교황 마르땅 1세의 부름을 받아 골 지방에 복음을 전파하러 오게 된다.

동생 세네리와 함께 649년 경 쏘쥬에 도착하여 침묵과 묵상을 하며 자연 속에 묻혀 살면서 이 마을에 성 베드로 교회를 세웠다고 한다. 이 교회의 역사에 대해 어디에는 8세기라고 쓰여 있고 어디에는 7세기라고 쓰여 있는데 세네레 성인이 세운 것이라면 당연히 7세기로 보는 것이 옳겠다.

그는 680년 7월 21일에 세상을 떠났다.

Info

교회 주소: Rue des Deux Églises 53340 Saulges

개방 시간: 9h~18h(매일)

Saulges는 Solesmes(72300) 북쪽 24km.

Laval 동쪽 32km

Evron 남쪽 23km.

Le Mans 서쪽 57km에 있다.

테오뒬프의 예배당 전경

제르미니의 모자이크 교회 Oratoire de Germigny des Prés

🏠 2013년 여름, 우리가 묵었던 수도원에서 5km 떨어진 곳에 인구 700명 정도가 살고 있는 '제르미니 데 프레'라는 동네가 있다. 이 작은 마을에는 일년에 수천 명의 눈길을 사로잡는 유네스코 문화유산에 등재된 카로링거 시대의 예배당(oratoire)과 프랑스 유일의 비잔틴식 모자이크가 있다.

교회의 기원

이 교회는 회중석을 제외한 나머지 건물은 9세기 초에 지어졌는데, 8세기 말에 생 브놔(Saint-Benoît)의 수도원장 겸 오를레앙의 주교가 된 테오뒬프가 없었더라면 우리는 이 예배당을 볼 수 없었을 것이다. 그는 이곳에 머무르며 책도 쓰고 묵상하기 위해 개인 예배당으로 이 교회를 지었다. 이 교회는 아헨 성당을 지은 오동 르 메쓰(Odon le Metz: 742~814)라는 아르메니아 출신 건축가가 이탈리아의 건축 양식을 모델로 하여 지었다.

교회의 발전 과정

805년에 완성된 교회는 806년 1월 3일에 봉헌식을 했다. 수많은 모자이크가 내진과 둥근 천장을 뒤덮었는데 지금은 천장에 있는 모자이크만 볼 수 있다. 843년에는 수도자의 계율을 개혁하려는 공의회가 열릴 만큼 주목받는 장소가 되었으나, 9세기 말에 바이킹의 침략으로 교회가 불타는 쓰라림을 겪는다. 11세기에 들어와서는 생브놔의 수도원장이 이 교회에 수도사 몇 명을 상주시키게 되고 12세기에는 교구 본당이 된다.

19세기에 들어와 뒤덮여 있던 석회를 걷어내고 모자이크를 복원하는 데 수 년이 걸렸다.

테오뒬프의 예배당 oratoire de Théodulphe

806년에 완공된 이 예배당은 로마네스크 이전 양식으로 프랑스에서 가장 오래된 교회 중의 하나이며, 그리스식 십자가 모양의 교회와 장례탑으로 구성되어 있다.

교회 출입문 위에는 그리스식 십자가가 조각되어 있고 그 밑에는 라틴어가 두 줄로 새겨져 있는데 <나, 테오뒬프는 이 신전을 신께 바치노라. 여기 오는 모든 사람은 나를 기억해 주길….>이라고 해석된다.

교회 안으로 발을 들여놓는 순간, 제단 쪽을 제일 먼저 보게 되는데 신기하게도 십자가는 보이지 않고, 제단 뒤에 피에타상(16세기)만이 놓여있어 절제미와 경건함이 느껴진다.

천장에는 무척 화려한 모자이크가 있고 동쪽 기둥에는 이 교회의 봉헌 날

문 위의 라틴어 문장

피에타

모자이크

자가 1월 3일 이라고 조각되어 있다. (Tertio nones januaris dedicatio hujus aecclesiae)

한쪽 구석에는 "당신께 세례 받은 사람은 바로 접니다" 하면서 불만스런 표정으로 얼굴을 돌려 정면을 바라보고 있는 세례자 요한과 예수가 조각된 세례반이 있다.

모자이크 la Mosaïque

제르미니의 모자이크는 눈부시게 화려하고 아름답다. 테오뒬프의 요청으로 805년에 완성되었는데, 각지에서 불러온 수준 높은 작가들이 공들여 만든 만큼 오랫동안 올려다 볼 가치가 있는 작품이다.

프랑스에서 유일한 이 비잔틴식 모자이크는 130,000개의 네모난 유리조각을 두 겹으로 촘촘히 박아놓아, 처음 봤을 때는 마치 밤하늘의 은하수를 보는 것 같은 느낌을 받았다. 다채로운 색깔과 세련된 구도, 정밀한 솜씨는 그저 감탄을 자아낼 뿐이다.

1841년에 복원한 모자이크는 동쪽 내진의 4분 궁륭(활이나 무지개같이 한가운데가 높고 길게 굽은 형상) 중 반을 차지하고 있는데, 그 위 작은 아케이드에 있던 것은 건축가의 실수로 파괴되고 말았다하니 그 건축가는 얼마나 큰 죄책감을 갖고 남은 생을 살아갔을까 싶다. 찬찬히 모자이크를 보면 두 지품천사와 언약의 궤(l'Arche d'Alliance)가 있는데 궤 안에는 십계명을 새긴 판, 만나가 담긴 바구니가 있고 테두리에 테오뒬프 의 글이 라틴어로 새겨져 있는데 "여기 성스러운 신탁과 지품천사들을 보라. 하느님의 언약의 궤가 빛나는도다. 이 장관을 보면서 너의 기도로써 전능하신 주를 감동시켜 보아라. 부탁하노니 네가 기도할 때 내 이름 석자를 기억해 주길…"이라고 해석된다.

테오뒬프

테오뒬프는 750년 경 스페인의 서고트족 귀족 가문에서 태어나 프로방스 지방에 있는 아니안느 수도원에 들어가게 되는데, 거기에서 많은 지식을 쌓게 되어 샤를마뉴 대제의 측근으로 지근거리에서 보좌했을 뿐 아니라 뚜르(Tours)의 수도원장인 당대의 석학 알깽(Alcuin)과 더불어 왕의 조언자가 되었다. 798년에는 왕의 부탁으로 생브뇨의 수도원장과 오를레앙의 주교직을 맡는다. 샤를마뉴 대제 사망(814년)후 이탈리아의 베르나르왕과 합세하여 루이 르 삐우왕을 축출하려고 모의를 했다는 죄목으로 818년 직위에서 퇴위당하고 앙제의 수도원에 갇히게 되는데, 모든 타협을 거부한 채 821년 12월 18일 수도원 감옥에서 쓸쓸히 생을 마감한다. 그의 업적은 균등한 교육, 도서관 건립, 성직자 교육 그리고 정의의 회복을 위해 힘썼다는 점이다.

Info

주소: Route de Saint Martin 45110 Germigny-des-Près

개방시간: 4~9월(9h~19h)

　　　　　 10~3월(9h~17h)

Germigny-des-Près는 Orléans 동쪽 30km

Montagris 남서쪽 48km

Gien 북서쪽 35km에 있다.

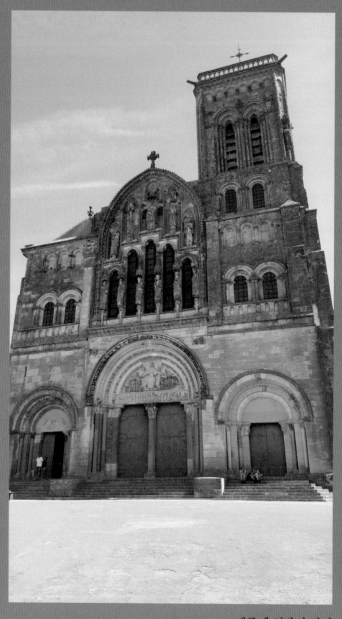

베즐레 성당의 정면

산티아고 순례길의 거점 베즐레 <u>Vézelay</u>

🏠 베즐레는 400여 명이 살고 있는 작은 중세마을로, 성당과 마을 전체가 유네스코 문화유산에 지정되어 있다. 중세에는 인구가 15,000 명을 넘을 정도로 번영을 누렸던 곳으로 산티아고 순례길 네 곳 중에서도 중요한 시발점이었으며, 또한 <가장 예쁜 마을> 중 하나이다. 20세기의 유명한 저술가 로맹 롤랑, 죠르쥬 바따이유 그리고 쥴르 르와가 영감을 받아 이 언덕에 살았다. 언덕 꼭대기에 있는 바실리크까지 올라가면서, 양쪽에도 볼거리가 상당히 많아 힘들거나 지루하지 않고 즐겁게 올라갈 수 있다.

오른편으로 12세기 교회의 잔해를 보면서 좀 더 올라가면 노벨상을 받은 로맹 롤랑이 1938년부터 1944년 12월 30일 죽을 때까지 살았던 집이 있고, 맞은편에는 우아한 18세기 건물인 우체국이 있다. 오른쪽 귀퉁이에는 1742년에 만든 저수조가 있는데 돌 둘레에 '이슬, 소나기, 비는 너 쓰라고 보관된 것이다. 정화했으니 샘물을 대신할 수 있도다' 라고 쓰여 있다. 몇 미터 더 올라가 왼쪽에는 테오도르 드 베즈(Théodore de Bèze)가 태어난 집이 있는데,

그는 8살 때 집을 떠나 칼빈, 루터와 함께 종교개혁 운동에 참여했으며 나중에 이 바실리크를 훼손하는 데 큰 악역을 한 인물이다. 더 올라가면 '큰 우물 광장'이 나오는데 70m를 팠으나 물이 나오지 않자 18세기 말에 메웠다는 우물이 있다. 더 올라가 왼쪽에는 성 베드로 교회의 종탑만 남아있고 좀 더 올라가면 루이 7세가 2차 십자군 원정 때 머물렀던(Infirmerie-Hospice) 곳이 있는데 낡은 문 위에 성 베르나르의 작은 두상이 있다.

오른쪽에 '막달라 마리아 센터(Centre Sainte Madeleine)'라는 간판이 붙은 집은 2차 대전 당시 유대인 어린이들을 숨겨준 장소라고 한다. 이제 이 동네에서 가장 중요한 성당(Basilique Sainte-Marie-Madeleine)을 둘러보기로 한다.

이 성당은 많은 훼손과 여러 차례의 복구에도 불구하고 로마네스크 예술의 진수로 알려져 있다.

정면façade의 조각

1856년 파스칼(Pascal)이 제작한 '최후의 심판'으로 그리스도 주위에 네 명의 복음사가가 있다. 대부분의 성당에서는 정면 합각벽의 조각에 의미를 둔다. 그러나 베즐레 성당은 나르텍스의 합각벽에 있는 조각이 훌륭한 작품으로 평가받고 있으므로 도표와 함께 상세하게 설명해 보겠다.

정문 안의 나르텍스 Narthex

이 공간은 길이 22미터, 넓이 50미터, 높이가 50미터로 성당 건축 후 1140~1150년 사이에 뒤늦게 지어졌는데 외부의 빛을 차단하는 역할을 한다. 특히 이 교회의 나르텍스는 규모도 크고 훌륭한 조각이 많아 더욱 유명하다.

그중에 <포도를 먹는 사람들>, <요셉과 뽀티파르의 아내>, <유혹당하는 베네딕토>, <다비드를 비난하는 나탄>, <사자를 잡는 삼손>등은 볼 만하다.

합각벽을 받치고 있는 가운데 기둥에는 많이 훼손된 조각상이 있는데 이것은 양을 성반 위에 들고 있는 세례자 요한상이다. 그의 발 밑에는 라틴어로 '이 사람이 바로 그리스도를 조롱하며 군중을 사로잡은 요한임을 모두 알아볼지어다'라고 쓰여있다.

중앙 합각벽

로마네스크 예술의 극치라고 하며 넓이 9m, 높이 5m 25cm로 기독교가 생성되는 과정을 역사적으로 나타낸 것이다.

1. 영광의 그리스도: 2.2m 높이로 중앙에 군림하고 있는 그의 커다란 손에서는 사도들을 향해 빛이 발사된다. 아주 섬세한 옷 주름은 움직일 때마다 나선형으로 굽이치고, Z자 모양을 한 그의 다리는 한층 위압적이고 부활한 얼굴은 지극히 평온하기만 하다.

2. 사도들: 그리스도 양쪽으로 손에 복음서를 들고 금방이라도 말씀을 전하러 떠날 준비가 된 것처럼 보이는 사도들로, 왼쪽에 열쇠를 쥐고 있는 이가 베드로 성인이다.

(3~39까지는 이미 기독교가 전파된 지역을 나타냄)

3. 유대인들

4. 카파도키아인들(의사와 환자)

5. 아라비아인들

6. 인도의 비비족(개의 얼굴을 한 두 남자)

7. 이티오피아인들(코가 납작한)

8. 프리지아인들

9. 비잔틴 사람들(물에서 뜨는 지팡이를 든)

10. 아르메니아인들(반 장화를 신은)

11. 스키타이인과 로마인

12. 마크로비, 피그미 그리고 파노티 사람

13. 베드로와 바오로 성인

14-15. 1월(빵을 자르고 있는 농부: 물병자리)

16-17. 2월(몸을 덮히고 있는 사람과 옷을 벗는 남자: 물고기자리)

18-19. 3월(포도나무 가지치기 하는 농부: 백양궁자리)

20-21. 4월(염소지기: 황소자리)

22-24. 5월(방패에 기대고 있는 전사: 쌍둥이자리)

25-26. 6월(풀 베는 사람: 게자리)

27-29. 개, 곡예사, 반인 반어(싸이렌)

30-31. 7월(수확하는 사람: 사자자리)

32-33. 8월(밀 타작하는 농부: 처녀자리)

34-35. 9월(통에 밀을 채우는 농부: 천칭궁자리)

36-37. 10월(포도 수확하는 사람: 전갈자리)

38-39. 11월(돼지 잡는 사람: 사수자리)

40. 12월(늙은 여자를 어깨에 메고 가는 남자)

41. 염소자리

42. 와인잔을 들고 있는 사람

조각 도표 (출처: Vézelay)

tympan

회중석 la nef

성당에 들어서면 길이 62.5m, 넓이 14m, 높이 23m의 웅장한 규모와 흰색, 갈색 돌의 아름다운 조화에 놀라게 된다. 회중석은 셋으로 나눠지고 60개의 기둥에 성경 내용과 식물들이 새겨져 있는데, <모세와 황금 소>, <아담과 이브>, <죽음의 천사에게 살해당한 파라오의 아들>, <사치와 절망>, <베네딕토 성인의 전설>등 수많은 훌륭한 작품들이 우리의 시선을 붙잡는다.

회중석 왼쪽에 1946이라고 쓰여 있는 십자가가 있다. 1946년 유럽을 분열시키고 황폐화시킨 전쟁에서 벗어난 기독교인들은 성 베르나르가 십자군 원정을 호소한 지 800주년을 기념하며 평화와 용서의 순례를 계획하게 된다. 영국, 룩셈부르크, 벨기에, 스위스, 이탈리아 그리고 프랑스의 여러 지방에서 출발하여 나무 십자가를 지고 걸어 이곳 바실리크에 모이는 것이다. 그때까지 억류되어 있던 독일군 죄수들도 이 행진에 참여하고 싶다고 간절하게 요청해서 15번째 십자가가 허둥지둥 만들어졌고, 그들의 참여가 화해의 큰 의미가 되었다. 그때 베즐레에 3만 명이 모여 화해와 평화로운 유럽을 위해 기도하는 모임을 가졌고, 당시에 죄수들이 지고 온 십자가가 바로 1946이라고 쓰여 있는 이 십자가이다.

회중석을 이리저리 다니다 보면 별이나 화살표, 알파벳 등 여러 가지 표시가 보인다. 이 바실리크를 지을 당시 공사에 참여했던 석공들이 가족을 그리워하며 자기 고유의 표시를 해 놓은 것이다.

제단이 있는 곳 choeur

파리의 생 드니 성당, 상스의 대성당에 버금가는 고딕 양식으로 부르고뉴

석공의 싸인

에서는 가장 훌륭한데, 다른 성당들의 기둥은 단색으로 매우 굵은 반면 이곳 기둥은 가늘고 색채가 있는 점이 특별하다. 주위에는 정사각형 샤뻴이 네개, 반원형 샤뻴이 다섯개가 있고 제단과 샤뻴 사이에는 넓은 회랑이 있어서 제단 뒤를 돌면서 참배할 수 있는데, 얼마나 많은 사람들이 돌을 만지고 쓰다듬었는지 반들반들 장미색으로 윤이 난다.

지하묘지 la crypte

제단 왼쪽으로 들어가서 오른쪽으로 나오는 구조인데 길이 19m, 높이 3.4m, 넓이 9.2m로 기둥이 12개에 회중석까지 갖춘 큰 규모를 자랑한다. 이 성당에서 가장 오래된 공간으로 카로링거 시대(8~10세기)에 만들어졌다. 천장의 그림은 13세기 것으로 예수가 앉아 있는 네 개의 잎은 예수의 상처를 상징하는데 네 개의 방패가 둘러싸고 있다. 또한 천장에 있는 문양은 1267년

부활절 첫 주에 성 루이왕이 여러 귀족들과 이 성당을 방문했다는 사실을 그림으로 남긴 것이다. 지하묘지에는 막달라 마리아의 유해가 보존되어 있다.

바실리크 건축 역사

지라르(Girart)와 그의 아내 베르뜨(Berthe)가 859년에 베즐레 아랫 동네, 생 뻬에르에 여자 수도원을 세웠는데, 노르망디 족에게 침략 당하자 2년 후에 베즐레 언덕 위로 자리를 옮기고 남자 수도원으로 바꾼다. 878년 수도원이 완성됐으나 10세기 초에 화재로 큰 피해를 입었다. 882년에 사라센이 프로방스를 침범하자 바디옹(Badilon)이라는 수도사가 생 막시맹에 가서 막달라 마리아의 유해를 가져온다. 1037년 막달라 마리아의 유해를 공개하자 순례객이 넘쳐나면서 로마와 예루살렘에 버금가는 순례지가 된다. 막달라 마리아에게 기도하면 죄수가 자유를 얻고, 벙어리가 말을 하고, 소경이 눈을 뜬다는 소문이 퍼지면서 밀려드는 순례객을 수용할 수 있는 더 큰 교회가 필요하게 되었다. 그래서 1096년부터 증축을 시작하여 1104년 4월 21일 제단과 교회 날개 부분이 로마네스크 양식으로 완성된다. 하지만 세금에 짓눌린 주민들이 반란을 일으켜 아르노 수도원장을 살해하고(1105년), 주민들은 교황에 의해 파문당하는 불행한 일이 생긴다(1152년). 후계자 르노가 회중석을 재건했는데, 1120년 7월 21일(막달라 마리아 축일 전야) 큰 화재로 1200명이 산 채로 타 죽고 회중석도 폐허가 되고 만다. 회중석이 1140년에 다시 재건되고 그때 정문 안의 공간인 나르텍스(narthex)가 지어진다. 1146년 3월 31일 부활절에 성 베르나르가 2차 십자군에 참전하라는 설교를 하게 되었는데, 그의 설교를 듣기 위해 10만 명이 운집했다고 하니 당시에 인구로 봐서 대단

지하무덤

마리아 막달레나의 성유골함

한 열기가 아닐 수 없다. 1190년 프랑스 왕 필립 오귀스트(Philippe Auguste)와 영국의 사자왕 리차드가 3차 십자군 원정을 위해 모인 곳도 바로 이 성당이다. 1217년에 아씨시의 프란치스코 성인이 처음으로 라 꼬르델(la Cordelle) 수도원을 세웠다. 한편 성 루이 왕은 1224년, 1248년, 1267년, 1270년 이렇게 네 번이나 이곳으로 순례를 왔다하니 중세시대에 베즐레가 얼마나 중요한 순례지였는지 짐작할 수 있다. 그러다가 1279년 생 막시맹에서 막달라 마리아의 유해가 발굴되자 교황 보니파스 8세는 베즐레를 희생시키고 생 막시맹의 유해가 진짜라고 발표한다. 그러자 베즐레는 순례객들의 발길이 뚝 끊어져 한적한 동네가 되어버린다. 게다가 종교 전쟁 중에는 베즐레가 고향인 테오도르 드 베즈가 칼빈의 후계자가 되어 의기양양하게 마을에 나타나, 성당은 물론이고 온 마을을 폐허로 만들었으니 안타까운 일이 아닐 수 없다.

17~18세기는 베즐레가 완전히 잊혀진 시기로 1792년에는 합각벽이 망치로 부서지고 교회는 채석장으로 쓰이다가 1796년에 국유화가 되었다. 1819년 10월 22일에는 생 미셸 탑에 벼락이 떨어져 화재까지 나니 그 처참했을 광경은 상상하기도 힘이 든다. 1834년 8월 9일 소설가인 프로스페르 메리메가 이 수도원을 방문하여 처참하고 황폐해진 내용의 기행문을 남긴다. 그 기행문을 읽고 감동한 건축가 비올레 르 뒥이 1840년부터 19년간에 걸쳐 복구하고, 1876년에 상스의 추기경이 막달라 마리아의 유해를 다시 가져다 놓은 이후 예전의 명예를 회복하여 지금은 순례자나 관광객이 줄을 잇는 마을이 되었다.

고향같은 베즐레

나는 베즐레를 다섯 번 방문했다. 같은 장소를 뭐 하러 여러 번 가느냐고 하겠지만, 갈 때마다 변함없이 그대로인 마을과 골목의 분위기가 너무 편하고, 성당은 볼 때마다 새로워서 책까지 참고해가며 열심히 둘러봐도 떠나올 때는 뭔가가 미진한게 마음에 남아, 가고 또 가게 되었다.

긴 여행을 하다 보면 미사도 여러 번 하게 되는데, 여기 성당에서 일요일 11시에 하는 미사가 가장 마음에 남아있다.

수사, 수녀들까지 함께하는 교중 미사로, 어린 아이들을 모두 제단 앞에 불러내어 촛불을 나눠준 다음 제단에 나아가 바치게 하는 의식을 한다. 이제 걸음마를 시작한 아기부터 초등학생까지 수녀들이 일일이 불러내서 참석시키는걸 보고 '저 아이들은 참으로 잊지 못할 귀한 추억을 갖게 되는구나' 하고 생각했다. 성체를 모실 때도 많은 사람들에게 빵과 함께 포도주를 먹여 주니 감동이 클 수밖에 없다. 주일 헌금은 나갈 때 문 앞에 서 있는 수녀의 바구니에 알아서 내면 되니 마음이 편하다고 할까?

2006년 여름, 처음으로 베즐레에 왔을 때 동네에서 가장 좋은 위치에 자리 잡고 있는 '백마(le cheval blanc)'라는 호텔에 40유로를 주고 하룻밤을 묵었었다. 2018년 여름, 다섯 번째로 방문하여 같은 호텔 테라스에 앉아 커피를 마시다 문득 게시판을 보니 세상에나! 방 값이 그대로 40유로! 우리에게 아침 식사를 차려주고 테라스 양쪽에 늘어선 제라늄 꽃들을 가꾸던 우아한 부인은 보이지 않고, 건강하게 보이는 예쁜 아가씨 두 명이 호텔을 지키고 있었다.

· 메리메 (Prosper mérimée: 1803.09.28~1870.9.23)

메리메는 프랑스의 소설가이자 역사가이다. 화가의 아들로 태어나, 부친

의 뜻에 따라 변호사가 되었으나 스탕달을 비롯한 문인들과 사귀면서 문
필 생활을 시작하여 <마테오 팔꼬네> <콜롱바> <카르멘> 등을 썼다.
1843년에 역사 기념물 감독관이 되어 유적지 보존에 많은 공을 세운 인물로
말년에는 아카데미 프랑세즈 회원이 되었다.

· 비올레 르 뒥 (Viollet le Duc: 1814.1.27~1879.9.17)

비올레 르 뒥은 프랑스의 건축가이자 작가로, 프랑스 혁명과 종교전쟁중
에 파손되거나 버려진 건물들(파리의 노트르담 성당, 생 드니 성당, 몽생 미셸, 베즐레 성당,
까르까손의 성벽 등)을 복원했다.

Info

베즐레는 Dijon 서쪽121km

Troyes 남쪽 114km

Auxerre 남쪽 48km

Bourges 북동 123km

기둥머리장식

성 마가렛 교회 전경

작지만 완벽한
성 마가렛 교회

la chapelle Sainte Marguerite, Epfig

🏠 에피그(Epfig)는 옛날에는 로마의 요새였으나 현재는 약 2,000 명의 사람들이 살고 있는 마을로 스트라스부르 남서쪽 39km, 셀레스타 북쪽 12km, 오베르네 남쪽 13km에 자리 잡고 있다. 이런 작은 마을에 사람들이 모여드는 것은 수 백년 된 주목으로 둘러싸여 있는 아름다운 교회를 보기 위해서이다.

성 마가렛 교회는 11세기에 지어진 로마네스크 양식으로, 갤러리와 납골당을 갖추고 있는 독특한 구조를 하고 있다.

납골당

교회 바깥의 북쪽 벽에는 철망 안쪽에 수많은 해골이 차곡차곡 쌓여있는데 1525년 농민 전쟁 때 살해당한 농부들의 뼈와, 교회 동쪽에 있었다가 완전히 사라진 마을 공동묘지에서 수습한 해골을 모아 놓은 것이다.

갤러리는 왜 만든 걸까?

교회 바깥 남쪽과 서쪽에 'ㄱ'자 모양의 갤러리가 있고 입구가 두 개 있다.

어떤 이는 회랑이라 부르고 또 어떤 이는 수도원 안마당이라고 부르는 이 갤러리는 12세기에 지어졌다. 그런데 이런 시골의 아주 작은 교회에 갤러리를 왜 만든 걸까? 교회가 비좁아서? 아니면 야외행사에 필요해서? 그것도 아니면 제명당한 죄인들이 신부가 자신들을 다시 불러주길 기다리며 서성거리던 공간으로 쓰려고?

남아있는 자료가 부족해서 갤러리를 덧붙여 지은 확실한 이유는 알 수 없지만, 아무튼 이렇게 작은 교회에 아름다운 갤러리가 있는 이 양식은 알자스에서는 유일하다.

서쪽은 두 개의 쌍둥이 아케이드와 출입용 아케이드가 있고, 남쪽은 두 개의 아케이드와 다섯 개가 쌍을 이루는 아케이드 그리고 커다란 출입용 아케이드로 되어있다. 바닥은 네모난 돌을 깔았는데 반질반질 닳은 것이 세월의 무게를 느끼게 한다. 장미색과 회색의 작은 돌기둥들은 해질녘에 따뜻하게 빛을 발하여 주목의 어두운 색조와 기막히게 아름다운 조화를 이룬다.

로마네스크식 창문들

회중석은 11세기 건축 당시의 모습을 잘 간직하고 있는데, 두꺼운 벽 위쪽에 작은 구멍을 파서 채광을 위한 창을 냈다. 그 소박한 아름다움은 말이나 사진으로도 표현할 수가 없어서, 이렇게 글로 어렵게 설명해 보려고 하는 나 자신이 실망스럽게 느껴질 뿐이다.

돌로 만든 십자가   갤러리

납골당

벽화

1875년에 보수하면서 15세기에 그린 벽화를 찾아냈다고 한다.

천장에 그려진 <영광의 그리스도의 큰 얼굴>은 기하학적인 무늬, 작은 꽃들, 물결치는 옷자락을 그린 것인데 많이 훼손된 상태라 알아보기가 힘들다. 내진 북벽에는 <가시관을 쓴 예수>와 그 아래 무릎 꿇은 사람이 그려진 성합 덮개가 있고, 측면에는 후광에 둘러싸인 사람들이 그려져 있다. 궁륭에는 복음사가에 둘러싸인 <영광의 그리스도>가 그려져 있다. 불행하게도 벽화들은 훼손 속도가 너무 빨라서 머지않아 판독하기가 어려워질 것이라고 하니 참으로 애석한 일이다.

내진

로마네스크 양식의 제단은 초기 작품으로 아주 단순하고 아무런 장식이 없는 대리석 위에 역시나 소박한 분홍색 돌 십자가가 올라가 있다. 18세기에 만든 성기실이 있었으나 1875년에 보수하면서 없어지고 지금은 감실만 남아있다. 제단 뒤에는 1885년에 제작한 두 점의 스테인드글라스가 있는데, 용을 밟고 있는 성녀가 마가렛이고 그 옆은 바르브^(바르바라)성녀.

상인방

대문의 특징 또한 높이 평가할 수 있는데 문설주에 끼워 맞추기 기법은 카롤링거 시대에 유행했던 방식으로, 돌을 안으로 밀 때 기둥이 미끄러지지 않게 하는 특별한 기술로 12세기에는 사라진 기술이라고 한다. 테두리 돌이나 꺽쇠 돌에 생선 뼈나 이삭 모양의 장식이 새겨져 있는데 이 장식은 사암으로 되어 있는 건축물에서 흔하게 볼 수 있다. 그것은 송곳, 끌, 망치만 있으면 조각하기가 쉽기 때문이라고 한다.

중세 정원

2002년에 교회 후원회가 만든 정원으로 중세 시대에 정원에 가장 많이 심었던 식물을 4권의 책 <① le capitulaire de villis de Charlemagne ② 생 갈 수도원 ③ Walafrid Strabo^(베네딕토 수도사이자 외교관, 시인, 식물학자로 849년 8월 18일 마흔 살에 르와르 강에서 익사) ④ Hildegarde^(1098~1179: 독일의 수녀이자 성녀로 예술가, 작가, 언어학자, 과학자, 철학자, 의사, 시인, 예언가, 작곡가, 약초학자)>을 참고하여 사람들의 흥미를 충족시키면서 일 년 내내 감상할 수 있는 식물들을 심어 이름표까지 붙여 놓았다. 회양목과 밤나무 가지를 엮어 만든 울타리 사이로 다니면서 감상할

제단 스테인드글라스

정원

수 있다. 한 가운데는 물이 졸졸 나오는 돌로 된 우물도 있고, 화단에는 아로마 식물, 약초, 꽃, 채소들, 포도, 사과나무, 라벤더와 장미가 더해져 정원을 완벽하게 해준다. 원래 중세 정원은 수도사들이 먹고, 환자를 치료할 약을 만들고, 꽃 사이를 거닐며 신을 찬양하기 위해 만들어졌다. 이 공간 또한 상징으로 가득 찬 천상의 정원을 땅에 재현해 놓은 공간이라 할 수 있겠다.

성 마가렛은 누구인가?

이 교회는 4세기 초에 안티옥에서 순교한 성 마가렛에게 봉헌되었다. 그녀는 탈 없이 출산하도록 도와주는 임신부들의 수호 성녀이다. 이교도 제사장의 딸로 태어나 어머니가 죽자 유모 밑에서 자라게 되는데, 유모의 영향을 받아 기독교인이 된다. 그것을 알게 된 아버지는 몹시 노하여 마가렛을 밖으로 쫓아내 버린다. 그래서 그녀는 유모와 함께 양을 키우며 검소하게 살아가는데 307년 디오끌레띠엥 황제(Dioclétien: 244.12.22~311.12.3)의 대표자인 올리브리우스(Olibrius) 총독이 <크리스천 사냥>의 임무를 띠고 안티옥에 부임하자마자, 아름다운 처녀 목동 마가렛에게 반하게 된다. 하지만 그녀는 자신이 <예수 그리스도의 종>임을 선언하니 올리브리우스의 협박도, 채찍질도, 고문도 그녀를 설득하지 못했다.

결국 올리브리우스는 검으로 그녀의 목을 치라고 명하게 되는데, 그걸 요구한 것은 바로 그녀 자신이었다고 하며 307년 7월 20일에 있었던 일이다.

전설에 의하면 그녀가 용의 형상으로 나타난 악마를 죽였기 때문에 발로 용을 밟고 있는 모습으로 자주 그려지고 있다.

추억의 오솔길

공동 묘지 입구를 지나면 오른쪽부터 2003년에 조성한 <추억의 오솔길>
이 시작된다. 18세기 묘석들과 장미꽃밭을 지나 쭉 들어가면 치안 판사였던
쿤(Kuhn)의 비석이 있는데 1793년 프랑스 대혁명 때 이 동네에서 세 남자가
단두대에서 사형 당했다고 새겨져 있다.

고마운 불도저

2015년 10월 15일 아침 일찍 스트라스부르를 떠나 이 마을에 와서 여기 저
기 헤매다가, 가까스로 교회를 찾긴 했는데 대문은 잠겨있고 더구나 하도
작은 교회라서 우리는 보지 않고 그냥 떠나기로 했다. 마을을 뒤로하고 한
참을 달려가는데 불도저 한 대가 길을 완전히 막고 작업을 하고 있다. 우리
가 가까이 차를 몰고 갔으면 비켜줬으련만, 그냥 왔던 길을 되돌아가자하고
다시 그 교회 앞을 지나게 되었는데, 대문이 활짝 열려있고 젊은 남자가 정
원에서 잡초를 뽑고 있다가 무심한 눈길로 우릴 쳐다본다. 마치 "이 작은 교
회에 뭐 볼게 있다고 오셨어요?" 하는 표정으로.

우리는 별로 기대하지 않고 그저 문이 열려 있으니 들어가 본다는 생각이
었는데, 교회 문을 밀고 들어선 순간 그대로 숨이 멎을 것 같은 감동이 밀려
왔다. 회중석은 하도 좁아서 양쪽에 의자가 다섯 개씩 놓여 있고, 검소하기
짝이 없는 제단하며, 꾸미지 않아 더욱 아름다운 채광창, 한때는 화려한 색
채를 자랑했을 프레스코화들, 조용하게 흘러나오는 음악까지….

이런 아름다운 교회를 작다는 이유로 그냥 지나치는 경우도 흔하고, 정보가 없어서 못 보는 사람들도 많을 것이다.

우리는 한번으로는 너무나 아쉬워서 다음 날 다시 들러 보고 또 봤지만, 지금도 다시 가보고 싶은 곳 중의 하나가 바로 이 교회이다. 스트라스부르 쪽에 가는 사람은 꼭 들러 보길 권한다.

Info

주소: 77a rue Ste Marguerite 67680 Epfig

롱샹 샤뻴 전경

르 꼬르뷔지에가
설계한 롱샹 샤뻴

Notre-Dame Du Haut, Ronchamp

이 샤뻴은 1953년부터 1955년까지 르 꼬르뷔지에(Le Corbusier: 1887.10.6~1965.8.27)가 롱샹의 부를레몽(Bourlémont) 언덕 위 옛 로마신전 터에 지은 것으로 유네스코 문화유산이다.

1913년 8월 30일 사나운 폭풍우가 몰아쳐 아연으로 만든 종탑에 번개가 떨어져 화재가 발생하여 샤뻴이 파괴되었다. 그래서 두 세계대전 사이에 샤뻴을 재건했으나 2차 세계대전 때 독일군의 공습으로 또 다시 파괴된다. 전쟁 말기에 롱샹의 주민들과 브장송 교구가 교회를 재건하기로 결정한 후 르 꼬르뷔지에한테 설계를 맡기기로 결정했으나 그와의 첫 접촉은 매끄럽지 않게 끝나고 만다. 이유는 태생이 개신교인 그가 신앙심이 깊지도 않았고, 조상은 이단인 카타르지만 자신은 무신론자라고 선언한 바가 있었기 때문이다. 그러다가 63살에 그는 결국 교회 재건에 뛰어들게 된다.

이 지역의 아름다움에 감동한 그는 "나는 종교적인 일을 해 본적이 없다. 그러나 사방이 탁 트인 지평선 앞에 서 보니 망설일 수가 없었다"고 말했다하니 교회에서 바라보는 전망이 얼마나 좋은지 짐작할 수 있다.

1955년 6월 25일 교회가 축성된 날 그는 "나는 내면의 침묵, 기도, 평화 그리고 환희의 장소를 창조해내고 싶었다"라고 말했다.

샤뻴의 조명

샤뻴은 시멘트 골격을 돌로 보강하는 방식으로 지어졌고 벽은 하얀 석회를 발랐다. 시멘트 사이사이에 나무틀을 넣어 지었는데 지금도 널빤지의 흔적을 볼 수 있다. 시멘트 골격이 지붕을 떠 받치고 있고 벽면 사이에 있는 자갈과 닿지는 않기 때문에 약간의 공간이 생겨서 벽과 지붕 사이로 빛이 들어오게 하는 구조이다. 섬세하면서 온통 둥글둥글한 건축물은, 시멘트를 사용하여 직각형의 거대한 건물만 설계했던 그를 알고 있었던 사람들에게는 놀라움 그 자체라고 할 수 있겠다. 모든 벽은 곡선이고 세 개의 탑 또한 곡선이다. 이 형태는 자연에서 얻은 결과물로 지붕은 게의 등딱지에서 영감을 얻었고 전체적으로 보쥬(Vosges) 산맥과의 조화를 이루도록 구상했다고 한다.

샤뻴은 네모이면서 둥글고, 날씬하면서 육중하고, 낮으면서 높은 반전의 건축물이다. 벨포르의 역사 예술 박물관장도 "이 샤뻴은 단순한 구도지만 현장에 와 보면 전혀 그렇지 않다는 걸 알 수 있다"고 말한 바 있다.

샤뻴에서는 조명 작업이 더욱 예민한 일인데 남쪽 벽은 채색 유리창을 통해서 미묘하게 빛을 발하고, 동쪽 벽은 성모상이 들어 앉아있는 정사각형을 통해 빛이 들어온다. 벽과 천장 사이에 있는 틈새를 통해서도 빛이 들어온다. 결국 샤뻴 내부에서는 북쪽에서 들어온 빛이 남쪽을 비추고, 동쪽에서 들어온 빛은 서쪽을 비추는 식으로 간접 조명을 하고 있다.

신비한 조명

다채로운 창의 모양

스테인드글라스

르 꼬르뷔지에는 출입문 장식과 스테인드글라스도 직접 디자인했다. 크고 작은 여러 개의 스테인드글라스 중에 오직 한 작품에만 그가 싸인을 했다는데, 2014년 1월 어느 날 밤에 도둑이 들어 연보통에 있는 돈을 훔치려고 깨트린 유리창이 바로 그 스테인드글라스였다고 한다. 그때 연보통은 비어 있었다고 하니 도둑의 수고를 생각하면 민망한 일이다.

렌조 삐아노Renzo Piano의 수녀원

수위실과 수녀원이 렌조 삐아노에 의해 설계되었을 때 많은 나무를 벌목해야하는 문제로 반대 의견이 많았지만, 지형을 잘 이용하여 최대한 자연을 훼손하지 않고 지어져서 샤뻴이 있는 언덕 위에서는 전혀 보이지 않게 잔디로 덮여 있다.

샤뻴 밖에 있는<평화의 피라미드>는 자유를 위해 싸우다 죽은 전사들을 기리기 위해 옛 교회에서 나온 돌로 지어졌다.

Info

Ronchamp은 Belfort 북서쪽 20km

Mulhouse 서쪽 65km

Besançon 북동쪽 86km에 있다.

샤뻴의 주소: 13 rue de la chapelle 70250 Ronchamp

피라미드

지형을 이용하여 숨겨놓은 수도원

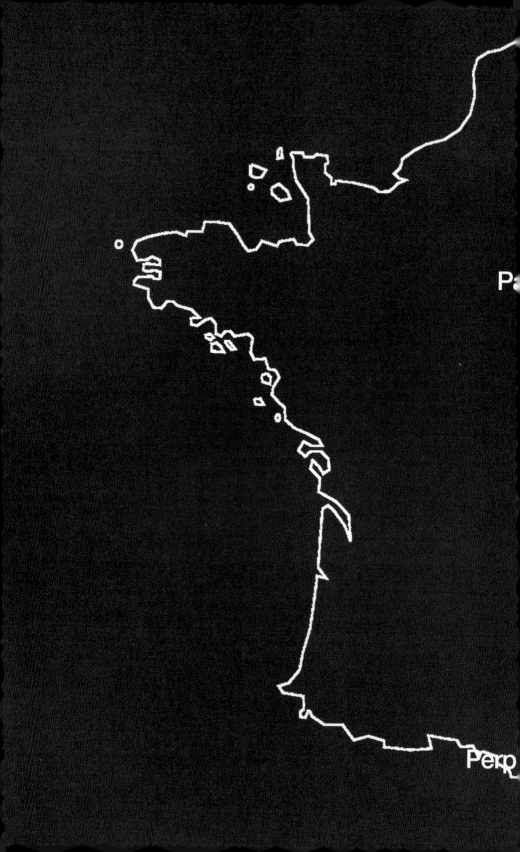

P

Perp

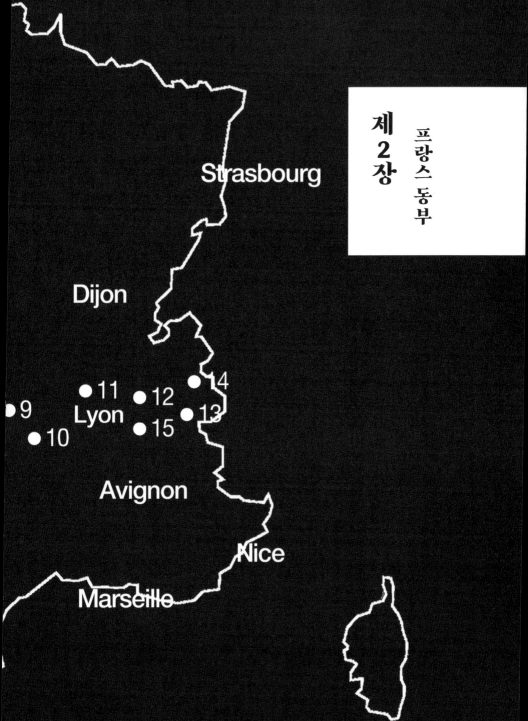

제2장　프랑스 동부

Strasbourg

Dijon

● 11
9
● 10

Lyon

● 12
● 15

14
● 13

Avignon

Nice

Marseille

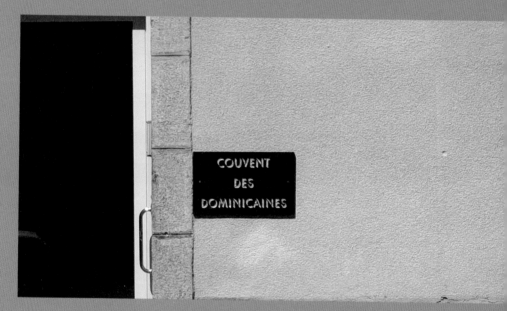

앙베르의 도미니크 수녀원 교회 입구

앙베르의 도미니크
수녀원 교회 Couvent des Soeurs Dominicaines

🏛️ 우리가 묵고 있던 호텔에서 앙베르(Ambert)까지는 겨우 77km 밖에 되지 않은 거리이다. 하지만 고속도로를 벗어나면 외길로 해발 1,400m까지 올라가야 나오는 산중 마을이다. 도미니크 수녀원 교회에 김인중 신부의 작품이 있다는 정보만 가지고 무작정 시내로 들어가 <관광 안내소>에서 지도 한 장을 받아들고 수녀원을 찾아갔다.

블레즈 파스칼 고등학교(lycée Blaise Pascal) 맞은편 광장 귀퉁이에 있는 작은 교회가 바로 우리가 찾는 곳이다. 마을 주민 둘이 마치 아는 사이인 것처럼 우리에게 인사를 한다. 김 신부의 작품이 훌륭하다고 엄지를 치켜세우면서 서둘러 들어간다.

예정에는 없었지만 우리도 시끄럽게 문을 열고 들어가 자리에 앉아 정신을 가다듬고 자세히 살펴보니 노인들 십 여 명이 미사를 하고 있다. 이 교회가 참 특이한 구조인데 입구로 들어가면 평신도의 의자가 있고 제단이 보인다. 오른쪽으로 푹 파인 곳이 수녀들 자리인데 그녀들이 보는 제단은 따로 있다. 미사를 집전하는 신부는 너무 나이가 들어서 걷기조차 힘겨워, 제단의 계단을 올라가고 내려갈 때도 제단을 짚고 천천히 움직이는걸 보니 참으로 안타깝다. 평신도석 맨 앞에는 더 나이든 신부가 앉아있는데, 바닥에 있는 책을 집는 것도 어찌나 힘겨워 보이는지 미사 중에 세상과 하직 할 수도 있겠구나하는 생각이 들 정도다. 미사가 끝나고 김 신부의 작품을 찍고 싶은데 맨 앞의 신부님이 전혀 움직일 기미가 보이질 않아 초조해지기 시작했다. 얼마나 지났을까? 한 수녀가 휠체어를 가지고 와서 모셔가고, 제단 정리를 하던 동양인 수녀가 우리를 보더니 웃으며 반가워한다. 베트남 태생의 수녀로 프랑스에 52년째 살고 있단다. 자기 조카가 한국 여자랑 결혼 예정이라면서 우리를 위해 기도까지 해줬다. 교회에 있는 김 신부의 스테인드글라스 15점을 다 찍고 나니, 지하 샤뻴을 열어주면서 원하면 찍으라고 한다. 아주 작은 샤뻴로 내려가면서 7점이 더 걸려 있다. 이 수녀가 아니었다면 잠겨있는 지하에 무슨 수로 내려갈 수 있었겠는가? 여행에는 행운이 따라야 된다는 걸 다시 절감한 날이었다.

김인중Kim En Joong신부

김인중은 화가이자 도미니크회 신부로 현재 프랑스에서 활발하게 작품활동을 하며 "빛의 신부"로 불리우고 있는 분이다.

그는 1940년 부여에서 태어나 아버지에게서 유교식 교육과 서예를 배웠다.

1946년 여섯 살에 대전으로 이사한 그는 일본인들이 버리고 간 책들 속에서 "색깔"이란 것을 처음으로 접하게 된다. 이후 고등학교에 진학하면서 방과 후 미술에 취미를 가진 학생들이 모여 데생이나 수채화를 그리면서 미래의 꿈을 키웠다.

교회 내부   김인중의 스테인드글라스

 1959년에 서울대학교 미술대학에 진학하여 학군단 훈련과 학업을 병행하느라 힘든 시절을 보냈다. 1965년 서울에 있는 천주교 신학교에 미술 교사로 부임하면서 자연스레 천주교를 접하게 되어 1967년에 세례를 받는다. 1969년 스위스로 유학을 떠나 미술사, 신학, 철학을 배우던 중 도미니크회 수도사들을 만나게 되면서 그의 소명이 굳건해져 1970년 '설교자 형제단'이 입는 '하얀 옷'을 입게 되었고, 1974년에 사제서품을 받는다.

 퓌스터(Pfister)신부와 가이거(Geiger)신부의 지원으로 고무된 그는 파리로 건너가 사도직을 유지하면서 화가의 길을 걷게 된다.

 그는 40여 곳의 크고 작은 성당, 수도원에 스테인드글라스를 설치했는데, 그중에서도 천년이 넘은 샤르트르(Chartres)대성당 지하무덤에 두 점이 설치된 것은 그에게 만이 아니라 우리 모두의 자랑이라 할 수 있다.

그리고 2007년에는 54명의 쟁쟁한 경쟁자들을 물리치고 브리우드(Brioude)의 생 줄리엥(Saint Julien)성당에 37장의 작품이 설치되었는데, 그의 생애의 역작으로 여겨지며 그 작품에서 빨강색은 순교의 피, 파랑색은 세례의 물 그리고 노랑색은 부활을 의미한다.

우리 부부가 김 신부의 스테인드글라스를 처음 접했을 때는 부끄러운 얘기지만 그를 잘 알지 못했기 때문에 포스터를 보고 '김은중'으로 읽을 정도였다.

많은 프랑스 사람들이 그의 이름을 알고 있고, '빛의 사제'라고 하면서 존경하는 걸 보고 어느 해에는 그의 작품이 설치된 교회나 수도원을 위주로 계획을 세워 20군데 이상을 구경했다. 오래된 돌 모자이크 바닥에 반사되는 빛의 향연을 보고 있으면 '빛이 춤을 춘다'는 그의 표현이 피부로 느껴진다.

Info

교회 주소: 16 place Notre-Dame de Layre 63600 Ambert, France

Ambert는 Clermont-Ferrand 동남쪽 75km

Le Puy-en-Velay 북쪽 72km

Roanne 남쪽 100km

Saint-Étienne 서쪽 77km에 위치해 있다.

스테인드글라스

피에타　　　　　　제단 뒤에 스테인드글라스

라 셰즈 디외 성당 계단과 정면

<죽음의 무도>로 유명한
라 셰즈 디외: 성 로베르 수도원

🏠앙베르에서 점심을 먹고 겁도 없이 <죽음의 무도>로 유명한 라 셰즈 디외(la Chaise-Dieu)를 향해서 출발했는데, 거리는 30km 밖에 안 되지만 길이 너무나도 험난해서 시간이 꽤 걸려 마을에 도착하니 길에는 사람이 한 명도 없고 마을 꼭대기에 우뚝 솟은 수도원과 높고 넓은 계단만이 옛 영화를 말해 주고 있었다.

이 동네는 해발 1,120m에 자리 잡고 있으며 지금은 인구가 600명 정도에 불과하지만, 부유한 기사의 아들인 로베르가 1043년에 고딕 양식으로 지은 성 로베르(Saint Robert) 베네딕토 수도원은 11~13세기에는 수도사가 300명이 넘었고, 마을에는 장인, 상인, 법률가들이 넘칠 정도로 번영을 누렸다.

그러나 1562년 8월 2일 칼빈 교도들이 보물을 약탈하고, 1695년에는 큰 화재가 나서 건물이 거의 파괴되었다.

수도원 부속 교회

교회는 14세기에 위그 모렐(아비뇽의 교황청을 지은 사람)이 설계하여 지었는데, 겉모습이 매우 육중하고 높지만 계단은 넓고 완만하다.

입구로 들어가면 특이한 구조를 가지고 있어서 놀라운데, 글로 설명하기가 참 어려우나 쉽게 말하면 두 개의 방으로 되어 있다고 할 수 있겠다.

이 교회가 특히 유명한 것은 <죽음의 무도>와 '타피스리' 때문이다.

·죽음의 무도 Danse Macabre

이 교회의 압권은 <죽음의 무도>와 타피스리(Tapisserie)이다.

우선 <죽음의 무도>는 23명의 산 자와 23명의 죽은 자가 그려진 그림으로, 죽음의 순간에는 이 세상의 모든 것이 아무것도 아니므로 영원한 생명을 위해서 우리 모두가 속죄하며 죽음을 준비해야 한다는 내용이다.

첫 번째 패널에는 교황, 황제, 교황특사, 왕, 추기경, 대신, 주교관을 쓴 수도원장 그리고 기사.

두 번째 패널에는 베네딕토 수도사, 부르조아, 여자 참사원, 상인, 수녀, 집달리 그리고 카르투지오 수도사.

세 번째 패널에는 연인, 의사, 신학자, 농부, 시토회 수도사, 어린이 그리고 수련 수도사가 등장한다.

모든 사람들은 지위 고하를 막론하고 신이 정해주는 시간에 죽어야 하므로 모두가 평등하고, 항상 속죄하는 생활을 해야 한다는 교훈적인 내용이다.

·타피스리

14점의 타피스리는 원래는 성가대석 뒤에 있는 벽에 둘러져 있었는데 지

죽음의 무도 中

타피스리 중 예수의 세례받음(오른쪽)

금은 교회를 들어가면 왼쪽 벽에 걸려 있다.

명주실과 털실로 빈틈없이 짜놓은 타피스리는 예수의 일생을 보여주는데,

— 수태고지, 탄생, 동방 박사의 경배.

— 이집트로 피난, 죄 없는 이들의 학살, 예수의 세례, 유혹받는 예수.

— 부활한 라자로, 예수 예루살렘 입성.

— 유다가 팔아넘긴 예수, 최후의 만찬, 유다의 입맞춤.

— 채찍질, 가시관 씀, 묻힘.

— 예수의 부활, 빈 무덤의 성녀들.

— 토마의 의심, 예수 승천, 성신 강림.

— 성모의 대관식, 솔로몬의 심판과 최후의 심판 등 구약 성서의 내용을 간추려 표현해 놓은 대작이다. 이 타피스리와 <죽음의 무도>는 중세 시대에 읽고 쓰지 못하는 사람들도 쉽게 성경을 이해하도록 제작된 것이다.

성직자 석 les stalles

이 교회에는 성직자석이 144개 있는데 '나무로 짠 레이스'라고 할 정도로 섬세한 솜씨를 자랑한다.

수도원 경내 정원 le cloître

14세기에 건축한 고딕 양식의 경내 정원은 두 개의 회랑만 남아 있다.

주랑le jube: 성가대 석과 회중석 사이

15세기에 만든 성가대석은 성직자석과 일반 순례자석으로 나눠져 있고, 수도원 설립자인 성 로베르의 무덤이 있다. 한쪽 구석에는 여러 개의 묘석과 비석이 있는데 이것은 수도사, 견습 수도사 그리고 평신도들이 사후에 영원한 안식을 얻고자 수도원 안에 묻히고 싶어 했기 때문에 그 흔적이 많이 남아 있는 것이다.

끌레망띤 탑 la tour Clémentine

'탈의실 탑(tour du vestiaire)'또는 '금고탑(tour de la Trésorerie)'으로 불리다가 후에 교황 끌레망 6세를 추앙하기 위해 끌레망띤 탑으로 부르게 되었으며, 감시탑 역할도 겸할 수 있게 감시구와 총안도 만들었는데 버팀벽은 대단히 위압적으로 보인다. 중세에는 탑, 곳간, 성유물 보관소 그리고 신자들의 피난소로 쓰였고 실제로 1562년 칼빈 교도들이 쳐들어 왔을 때 수도사들이 이 탑에다가 귀중한 것들을 숨겼다.

수도원 교회 뒤로 가면 메아리 방(la salle de l'écho)이 있는데 대각선으로 반대편 모서리에서 비밀스럽게 음향 현상이 일어난다고 해서 이런 이름이 붙여졌다. 전설에 의하면 17세기에는 몹쓸 전염병에 걸린 사람들이 수도사에게만 자기가 병에 걸렸다고 고백할 수 있는 곳이 바로 이 방이었다.

치프라 강당 Auditorium Cziffra

피아니스트인 조르주 치프라(Georges Cziffra 1921.헝가리~1994.프랑스)가 1966년에

치프라 강당

설립한 음악 축제(festival de musique)가 열리는 강당이다. 이 축제는 치프라의 명성덕분에 국제적으로 이름있는 축제로 발전했고, 로스트로포비치(첼리스트), 뒤메(바이얼리니스트) 등이 이 음악제를 통해 두각을 나타냈다.

우리가 이 마을에 갔을 때는 경내정원, 메아리방 그리고 치프라 강당이 보수 중이어서 볼 수 없었다.

Info

교회 주소: 140 place de la Mairie 43160 la Chaise-Dieu France

La Chaise-Dieu는 Ambert 남서쪽 30km

Le Puy-en-Velay 북서쪽 42km

Brioude 동쪽 35km에 위치하고 있다.

예수가 토마에게 나타남

지옥에 떨어짐

교회 내부

그리스도의 부활

12세기 마을 정문

아름다운 마을 뻬루쥬 Pérouges

🏛 뻬루쥬는 리옹(Lyon)에서 북동쪽으로 37km 정도 떨어져 있는 <가장 아름다운 마을> 중 한 곳으로 밀가루 반죽을 동그랗게 만든 후 버터와 설탕을 입혀 장작불 오븐에 구워내는 갈레뜨(galette)가 유명하다.

골목길이나 집들은 앵(Ain)강에서 주워온 돌맹이를 써서 지었기 때문에 색깔이나 모양이 아름답게 조화를 이루고, 골목을 다니다 보면 500년이 넘은 집들을 흔히 볼 수 있다.

12세기에 지어졌다는 마을의 출입구인 '윗문(porte d'en Haut)' 위에는 이 마을의 문장이 새겨있고, 못이 수 없이 박힌 소나무 문짝은 세월을 견뎌내기가 너무 힘겨워서 많이 바스러졌다.

이 마을은 성벽과 교회가 이어져 있는 독특한 구조를 하고 있다. 대체로 교회는 마을의 중심에 있는데 이 교회는 마을을 수비하는 역할을 하느라 한쪽 벽은 완전히 성벽이고, 위 창문은 좁고, 아래는 총안으로 되어 있어서 중세 때 얼마나 치열하게 전쟁을 했을지 상상이 된다.

마리아 막달레나 교회 église Sainte Marie Madeleine

이 교회는 15세기에 고딕으로 마을 입구에 지어졌는데, 대문 위에는 아기를 안은 마리아 상이 움푹 파인 곳에 모셔져 있다.

안으로 들어가면 회중석이 셋으로 구분되어 있고 기둥은 8각형의 육중한 돌로 꾸밈이 없이 돌의 질감을 그대로 살려 놨다. 내부는 아주 어두운데 그것은 벽이 워낙 두껍고, 방어 목적으로 창을 너무 작게 만들었기 때문이다. 제단은 십자가 하나 없이 깨끗하고, 오른쪽 벽에 십자가를 걸어 놓은 것이 특별하고 신선한 느낌을 준다.

제단 왼쪽에는 막달레나 성녀 샤뻴이 있고 제단 오른쪽에는 성모 마리아 샤뻴이 있는데 망토를 쫙 펼치고 있는 마리아, 그 오른쪽에는 어머니 안나,

성당 입구

왼쪽에는 성 안드레아가 순교 당시의 십자가를 들고 서 있다. 그 옆에는 대 야고보(Saint Jacques le Majeur) 샤뻴로 성인의 동상이 있다.

교회 입구 오른쪽에도 두 개의 샤뻴이 있는데 한 곳에는 돌무덤이 있고, 또 한 곳에는 1406년에 만든 성수반이 있다. 입구 위쪽에는 14세기에 나무로 만든 <아기 안은 마리아>상이 있고 아래 벽에는 돌로 만든 묘석이 세워져 있다. 옛날에는 마을의 권세있는 집안에서 샤뻴을 하나씩 차지하고 자기 것처럼 사용했다고 하니 권력이 무섭긴 하다.

마을 산책

삐루쥬는 아름다운 마을이니 그냥 여유로운 마음으로 이 골목 저 골목을 편하게 돌아다니면 된다.

골목길을 걷다보면 여러 가지 색깔의 자갈길 가운데 도랑이 있는데, 옛날에는 주민들이 여기에다 쓰레기나 오물을 그냥 흘려보냈다고 한다.

읍사무소(mairie) 맞은편에는 전형적인 장인의 집이 있는데 일층 창문으로 공구와 일터를 볼 수가 있고, 2층에는 르네상스식 창살로 된 창문이 있다. 벽에는 돌로 만든 까마귀 두 마리가 보이는데 방직공이 대들보 위에 천을 말릴 수 있도록 허락해 줬다고 하는 믿거나 말거나하는 얘기가 전해져 오고 있다.

십일조의 집(la maison de la dîme)은 성직자가 농부들의 수확물에 세금을 부과했던 곳으로 십일조는 대혁명 이후에 없어졌다.

감옥으로 썼던 집달리의 집(la maison du Sergent justice)은 집달리가 경범죄인을 다스렸던 곳이다.

아래 문(porte d'en Bas)은 마을의 두 번째 출입구인데 밖으로 나가면 들판이 펼쳐져 있고 날씨가 좋으면 알프스까지도 볼 수가 있다고 한다. 바깥 쪽 박공에는 "삐루쥬의 삐루쥬, 난공불락의 도시, 영주의 악당들이 차지하려했으나 그럴 수 없었지. 그들이 대문을 가져 갈 때 경첩과 철구들이 떨어졌다. 악마여 그들을 잡아가라"고 라틴어로 새겨져 있으니 마을 사람들의 대단한 자부심이 느껴진다.

다시 길을 올라오다 보면 오른쪽에 '소금창고(le grenier à sel)'가 있다. 소금과 식품저장소로 쓰였는데, 13세기에는 전매권을 가지고 있던 영주에게 염세를 내야만 소금을 살 수 있었다.

아랫 대문(La porte d'en Bas)　　　　　　　해 시계

마을 한복판 '보리수 광장(la place du Tilleul)'에는 1792년에 대혁명 기념으로 심었다는 커다란 보리수나무가 있고, 이곳에서 자주 장이 열린다. 주위를 둘러보면 마을의 수호 성인인 성 조르쥬의 동상 외에도 흥미로운 것들이 눈길을 끈다.

지금은 호텔로 쓰이고 있는 까쟁의 집(la maison Cazin)은 중세의 전형적인 건축양식 즉 흙과 짚 그리고 나무를 엮어서 지었는데 옆이나 뒤에서 보면 단층집으로 보이게하여 세금을 절약하려고 꾀를 부린 것이다. 또 이 마을의 문장인 용이 그려져있고 "그대는 아름다운 시절만을 그리워하길"이란 시 귀가 새겨진 해 시계판도 보인다.

'왕자들의 거리(la rue des princes)'는 중세시대에는 상인들이 일층 덧문 위에 상품을 늘어놓고 팔았던 거리인데, 지금은 식당이나 갈레뜨 파는 상점들이 자리 잡고 있다.

뻬르쮜는 마을 전체가 예쁘고 역사가 깊은 곳이라 돌멩이 한 개도 허투루 할 수가 없는 마을이다.

우리는 이 작은 마을에서 2박을 했다.

마을 어귀로 들어서면서 예약한 호텔을 찾느라 천천히 운전을 하면서 가니 뒤에서 따라오던 할머니가 차에서 내리더니 "도대체 어딜 가세요?" 하고 묻는데 목소리에 짜증이 묻어있다.

바우처를 보여 주면서 "이 호텔에 예약을 했는데요" 하면서 보니 바로 왼쪽에 우리가 예약한 호텔이 있다. 너무나 쉽게 찾은 호텔은 방이 다섯 개 밖에 없는 작은 곳인데, 정말 좋은 위치에 자리 잡고 있다.

남자 혼자서 고양이를 아홉 마리나 키우며 호텔을 관리하고 있는데, 자갈이 깔린 마당에는 똥 천지이다. 다른 마을에 있는 호텔도 함께 경영한다니 '투잡'인 셈인데, 서두르지도 않고 뭐가 그리 좋은지 휘파람을 입에 달고 다니는 유쾌한 사람이라 그 많은 고양이와 똥을 견뎌내는 것은 아닐까?

오뜨꽁브 수도원 전경

호숫가의 오뜨꽁브 수도원 Abbaye d'Hautecombe

안느시(Annecy) 근방에 가면 프랑스 최대의 호수이자 수많은 시인들이 칭송한 부르제(Bourget)호수가 있다. 길이가 18km나 되는데 1930년대에 습지에 관개 시설을 하고 포플러를 심어 현재는 유럽에서 가장 큰 포플러 숲이 되었다. 19세기 중반까지는 이 호수가 리옹(Lyon)과 샹베리(Chambéry)를 이어주는 중요한 교통로였다고 하는데, 서쪽 연안에 아름다운 호수를 배경으로 수도원이 그림처럼 서 있어 간략하게 소개하고자 한다.

수도원의 역사

1101년 베네딕토회 수도사들이 부르제 호숫가에 자리 잡고 수도원을 만들기 시작했는데 성 베르나르가 다녀간 후 시토회 수도원으로 변신했다. 12~14세기가 전성기였으며 40여 명의 왕자와 공주들이 여기에 묻혔다. 15~16세기에는 수도사가 재산을 관리하지 않고, 수도원의 소득을 즉시즉시

교회 입구

소비하는 데 재미들린 수도원 밖의 성직자에게 재산 관리를 맡긴 나머지 수도원은 점차 쇠퇴의 길을 걷게 된다. 18세기에는 대혁명으로 수도원은 국유화가 되고 18년 동안 방치되었다가 19세기에 들어와 사르데니아의 왕인 샤를 펠릭스(1765.4.6~1831.4.27)가 이 수도원의 주위 경관에 매료되어 조상의 영묘를 만들고, 시토회 수도사들은 기도에만 전념하며 살 수 있도록 경제적으로 지원해 주었다. 그러다가 1922~1992년까지 다시 베네딕토회 수도사들이 거주하게 되었고, 1983년에 이탈리아 마지막 왕인 험버트 2세가 여기에 묻히고 2001년에는 그의 왕비인 마리 호세가 묻혔으니 사브와가의 가족묘지라고 할 수 있겠다. 1992년에 베네딕토 수도사들은 가나고비(Ganagobie)수도원으로 떠나고 지금은 새길 수도회(Communauté du chemin neuf)가 관리를 맡고 있다.

수도원 교회

교회 내부는 무척 화려하고 무덤이 많다. 특히 천장이 화려한데 루이 바까가 그린 네 명의 복음사가는 색채가 선명하고 섬세한 솜씨가 돋보이는 작품이다.

정보

이 수도원은 경치가 좋아서 일 년에 15만 명이 다녀가는 명소지만, 수도원 관람은 일체 제한이 되어 있고 언어 문제로 다소 불편하다. 교회만 개방을 하고 그것도 가이드를 따라 다니며 설명을 들어야 할 뿐 아니라 사진 찍는 것도 금지되어 있다.

수도원 경내 정원(cloître)과 테라스는 전혀 보여주지 않고 일 년에 한번 '문화제의 날(journées du patrimoine: 9월 3번째 일요일)'에만 개방을 한다고 하니, 우리 같은 외국인이 그 날짜에 맞춰서 가기란 참으로 어려운 일이다.

호숫가에 12세기에 지었다는 '헛간(grange batelière)'은 여러 가지를 저장하던 장소였는데, 지금은 콘서트도 열리고 하는 문화 공간으로 쓰이고 있다. 끝도 보이지 않는 호숫가에 앉아 샤르바즈산을 바라보며 번영을 누렸던 옛날의 수도원을 그려보는 것도 의미 있겠다. 우리는 샹베리쪽에서 가게 되었는데 생 삐에르 드 뀌르띠유(Saint Pierre de Curtille)에 가면 수도원 이정표가 나오기 시작하고, 거기서부터는 15km 정도를 몹시 좁은 산길로 올라갔다 내려갔다를 반복해야하는 위험한 길을 가야한다.

Info

* 개방시간

10h~11h 15, 14h~17h(화요일은 휴무)

요금 : 3.50유로

Abbaye d'Hautecombe는 Chambéry에서 북쪽 34km

Annecy에서 남서쪽 45km에 있다.

루이바까가 천장에 그린 복음사가

호수가 보이는 수도원 전경

따미에 수도원

염소 치즈가 맛있는
따미에 수도원

🏠 안느시에서 남쪽으로 39km, 알베르빌(Alberville)에서 서쪽으로 18km에 따미에 수도원(Abbaye Notre-Dame de Tamié)이 자리 잡고 있다.

알프스 산중에 콕 박혀 있는 곳인지라 지도에도 나오지 않는 곳이다. 여길 가기 위해서는 내비에 뿔랑슈린느(Plancherine)을 치고 가면 10km 전부터 수도원 이정표가 나오므로 이정표만 보면서 가면 된다. 주차장에는 몇 가지 안내문이 붙어있고 조금 걸어 올라가면 가게가 나온다.

입구로 들어가면 오른쪽 방에는 전 세계의 잡다한 물건들을 팔고 있고, 왼쪽 방에는 여느 수도원 가게나 비슷비슷한 물건들이 있는데, 이곳에서 유명한 것은 여기 수도사들이 정성들여 만든 염소 버터와 치즈이다. 염소의 역한 노린내를 익히 알고 있는지라 살까 말까 망설이고 있는데, 동네 할머니가 맛있다고 해서 한 개를 사 봤다. 집에 가지고 가서 애들이랑 모두 나눠먹으려고 샀는데, 한 점 먹어보니 부드럽고 연한 맛이 우리 입맛에 딱 맞아 그만한 덩어리를 다 먹어버리고 말았다. 시중에서는 구입할 수가 없다고 하니 이 수도원에 들르면 꼭 염소 치즈를 맛봐야 한다.

부띠끄에서부터 초원을 양 옆에 끼고 걷노라면 회색 담장과 수도원 건물이 보이기 시작한다. 드넓은 초원에서 준비해 온 도시락을 먹으면서 햇볕을 즐기는 사람들도 있고, 아무 생각 없이 자연을 감상하는 사람도 있다. 여기는 식당이나 카페같은 것이 없으니까 간단하게 준비해가서 소풍기분을 내보는 것도 좋다. 이곳은 교회만 개방하고 수도원은 보여주지 않는다. 교회 앞에 있는 샘물은 마실 수 있는 물이고 교회는 항상 열려 있으므로 들어가서 수도사들이 드리는 미사에 동참해도 된다. 그들의 일과표는 4시(vigiles), 7시(laudes), 7시 15분(Messe), 9시 30분: 일요일은 8시 30분(Tierce), 12시 15분: 일요일은 제외(Sexte), 14시 15분(None), 18시 15분: 일요일은 17시(Vêpres), 20시(Complies) 이렇게 7번을 작업 중에도 짬을 내어 참여해야 한다.

교회 내부는 단순하기 짝이 없고 스테인드글라스도 성경 내용이 아닌 단순한 무늬다. 12시 15분에 젊은 수도사가 나와서 두 줄로 늘어져 있는 밧줄 중 오른쪽 줄을 잡고 종을 치는데 고난도 기술이 필요해 보인다. 모두들 어떻게 알고 오는지 40명 정도의 신자들이 와서 미사를 드린다. 미사가 끝나고 나니 이번에는 왼쪽 밧줄을 잡아당겨 종을 친다. 이렇게 작은 교회에서 미사를 하면 다양한 경험을 하게 되고, 잠시나마 한 가족 같은 느낌을 갖게 한다.

1132년에 시토회 수도원으로 시작한 이 수도원은 17세기 말에 트라피스트회로 바뀌었다고 한다. 1792년 대혁명으로 수도원이 유린되고 1860년까지 수도사가 살지 않았다고 하는데, 지금 알프스 초원에 염소를 키워 자급자족하며 열심히 살고 있는 수도사들이 있어 정말 다행이다.

교회 내부　　　　　　　　현대미를 살린 성모자상

수도원 부띠끄

모든 은총의 교회 정면

현대 예술품의 보물창고: 모든 은총의 교회

Notre-Dame de toute Grâce

⚜ '모든 은총의 교회'가 있는 쁠라또 다씨(plateau d'Assy)는 안느마쓰(Annemasse) 동남쪽 62km, 안느시 동쪽 82km, 샤모니(Chamonix) 서쪽 22km 되는 몽블랑 산기슭 해발 1,000m에 자리잡고 있는 작은 마을로, 자연 경관이 빼어나서 결핵 요양소로 유명한 곳인데 그중 한곳이 1970년 4월 눈사태로 74명(그중 56명이 어린이)이 사망한 곳이다. 유명한 화학자 마리 뀌리(1867.11.7~1934.7.14)도 방사능에 너무 노출된 나머지 재생 불량성 빈혈에 걸려 요양하다가 이곳 요양소에서 사망했다. 여기에 1938년부터 1946년 사이에 세워진 교회가 바로 '모든 은총의 성모 마리아 교회'이다.

쟝 드베미 신부(Jean Devémy: 1896~1981.12.26)의 발의로 모리스 노바리나(Maurice Novarina: 1907.6.28~2002.9.28)가 설계하여 당대의 가장 위대한 예술가들의 작품으로 채워놓은 이 교회는 20세기 종교 예술의 부흥을 일으킨 건축물로 여겨지고 있다. 그러나 1950년 축성 당시에는 고전주의와 전통에 사로잡힌 성직자들과 신자들에게 큰 충격을 안겨 준 작품도 있었다고 한다.

교회의 역사

2차 세계 대전 이전에는 아씨에 결핵 환자를 치료하는 요양소가 23개 있었다. 작은 샤뻴이 있는 요양소도 있었고, 없는 요양소에는 부속 사제가 방문하여 미사를 집전했는데, 이 외딴 마을에는 샤뻴조차도 없었다고 한다. 릴르(Lille) 교구 사제인 쟝 드베미는 상셀모즈(Sancellemoz) 요양소 설립자인 프랑스와 토브(1880~1961) 박사의 부탁으로 부속 사제로 부임하게 된다. 환자 옆에서 사제의 역할을 절감한 그는 안느씨의 주교에게 교회 건립을 요청하여 1937년 허가를 받아냈는데 1938년 공모전에 별 생각 없이 출품한 젊은 건축가 노바리나의 설계도가 채택된다.

노바리나는 이 지방에서 생산되는 자재를 사용하고, 이 지역 회사에 공사를 맡겨 비용을 절감하면서도 대단히 훌륭한 교회를 만들어냈다.

건축

노바리나는 초록색 사암을 사용하여 사브와(Savoie) 지방의 튼튼한 오두막을 연상시키는 교회를 지었는데, 알프스의 무거운 눈의 무게를 견딜 수 있게 경사지고 낮게 설계했고, 사나운 바람에도 끄떡없게 지붕은 두 겹으로 해서 여섯 개의 기둥으로 튼튼하게 고정시켰다. 이 기둥 사이로 모자이크가 보이는데 페르낭 레제(Fernand Léger: 1881.2.4~1955.8.17)의 작품으로 '신비의 장미', '닫힌 정원', '영광의 화병', '샛별', '지혜의 왕자', '다비드의 탑', '정의의 거울' 그리고 '언약의 궤'가 단순한 선과 색채로 꾸며져 있어 보는 눈을 즐겁게 해준다.

Fernand Léger의 모자이크

타피스리

왼쪽 문을 통해 교회에 발을 들여 놓는 순간 제단 뒤 벽을 장식하고 있는 타피스리가 눈에 꽉 차게 들어오는데, 쟝 뤼르사(Jean Lurçat: 1892.7.1~1966.1.6)가 제작한 대작으로 요한 묵시록에 나오는 '여자와 용'이다. 노바리나는 큰 벽화로 벽을 장식하고 싶어했으나 드베미 신부가 쟝 뤼르사에게 타피스리 제작을 부탁했다. 종교와 관련된 주제를 다뤄보지 않았던 그는 처음에는 정중하게 거절을 했으나 친구들의 중재로 현장에 와서 교회를 보고 작업을 수락했을 때, 드베미 신부는 그에게 요한 묵시록을 읽어준다.

<그리고 하늘에는 큰 표징이 나타났다. 한 여자가 태양을 입고, 달을 밟고, 별이 열두 개 달린 월계관을 쓰고 나타났다. 그 여자는 뱃속에 아이를 가졌으며 해산의 고통과 괴로움 때문에 울고 있다. 또 다른 표징이 하늘에 나타났다. 이번에는 큰 붉은 용이 나타났는데, 일곱 머리와 뿔 열 개를 가졌고 머리마다 왕관이 씌워져 있다. 그 용은 꼬리로 하늘의 별 삼분

타피스리

의 일을 휩쓸어 땅으로 내던진다. 그리고는 막 해산하려는 그 여자가 아
이를 낳기만 하면 삼켜버리려고 여자 앞에 지키고 서 있다…>

이 구절의 아름다움에 마음이 움직인 쟝 뤼르사는 내용을 문학적으로 재
해석하여 일 년에 걸쳐 작품을 완성한다.

양쪽에는 빨간색과 초록색 배경에 나무가 수놓아져 있고, 왼쪽에는 에덴
동산의 생명의 나무로 인간, 동물, 식물, 광물이 지배하고, 오른쪽은 '이새의
나무'로 그리스도의 혈통을 형상화한 것이다. 뤼르사는 털실을 자유자재로
다루게 되기까지 30년을 치열하게 자신과 싸워왔다고 할 정도로 오랫동안
수많은 작품을 만들어 낸 사람이다.

십자가

제단의 구리로 만든 십자가는 제르멘느 리시에(Germaine Richier: 1902.9.16~
1959.7.31)의 작품인데, 흉측한 모양이 사람들에게 익숙하지 않고 이해하기도

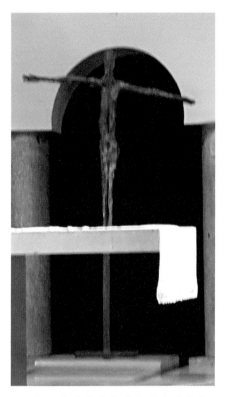

수난을 많이 당했던 제단 위의 십자가　　　　　　루오의 '베로니까'성녀

어려워서 인정을 받지 못했을 뿐 아니라, '성화상 파괴자' 로 간주되어 1951년에 철거하여 '죽은자의 샤뻴' 안 창고에 방치되었다가 1969년 부활절에 다시 제단 위에 설치된 아픈 사연을 지닌 작품이다.

스테인드글라스

교회로 들어가면 바로 왼쪽에 루오(Georges Rouault: 1871.3.27~1958.2.13)의 작품이 다섯 점이나 걸려 있다. 1939년 드베미 신부는 '현대 스테인드글라스와 타피스리'라는 제목으로 파리에서 열린 종교예술 전시회 첫날 루오의 '연민의 그리스도'를 눈여겨보게 된다. 당대의 거장인 루오의 작품을 '이처럼 작은 시골 교회에 어떻게 해서 설치가 가능했을까?'하는 점이 궁금할 수밖에 없는데 드베미 신부의 말을 들어보자.

"나는 이 작품을 보고 너무 감명을 받아 꾸뛰리에(Couturier)신부한테 우리 교회를 위해 이 작품을 얻을 수 있을지 뻔뻔스럽게 여쭤 보았다. 그랬더니 그는 루오에게 말해 보겠다고 했다… 루오가 대답하길: 고르세요! 그래서 난 '모욕을 당한 그리스도'를 골랐다… 교회 창문의 치수와 작품의 치수가 완벽하게 들어맞았다…."

몇 년 후 그는 그 사건을 두고 <아씨의 기적>이라고 회상했다. 그는 루오의 작품을 다섯 점을 얻게 되는데 <채찍질(Flagellation)>, <모욕을 당한 그리스도(Christ aux outrages)>, <그리고 그는 입을 열지 않았다(Et il n'a pas ouvert la bouche)>, <그는 학대받고 억압당했다(Il a été maltraité et opprimé)>, <베로니카 성녀(Vérinique)>라고 모두 제목이 쓰여있기 때문에 우리는 마음껏 감상하기만 하면 된다. 루오는 다섯 작품을 통해 이 교회의 사명에 부합하는 고통과 희망의 메시지를 결핵 환자들에게 주고자 한 것 같다.

앞에서 언급한 바 있는 꾸뛰리에 신부(1897.11.15~1954.2.9)도 두 점의 스테인드글라스를 남겼는데 <라파엘 성인>과 <리지외의 성녀 테레사>이다. 신부가 라파엘 성인을 고른 것은 히브리어로 라파엘은 '신이 고쳐준다'라는 뜻이기 때문에 요양소의 교회를 위한 상징으로 아주 적합했기 때문이다.

오르간이 있는 2층에는 쟝 바젠느(Jean Bazaine: 1904.12.21~2001.3.4)의 작품이 석 점이 있는데, 세실리아 성녀, 다비드 왕 그리고 그레고리 성인이다. 세 성인을 이 자리에 배치한 것도 아무 생각 없이 한 것은 아니다. 다비드 왕은 음악가이자 시인이었고, 세실리아 성녀는 음악가들의 수호성녀이며 그레고리 성인은 그레고리안 성가의 창시자이니 절묘한 배치라고 할 수밖에 없다. 회중석 오른쪽 측랑에는 성 베드로가 있는데 두 개의 상징물(수탉과 교황 삼중관)

마티스의 도미니끄 성인　　　　　　　　유아 세례받는 장면

로 알아 볼 수 있고 <일곱 가지 고뇌에 찬 성모(Notre-Dame des Sept Douleurs)>와 <성 루이(Saint Louis)> 그리고 <잔 다르크(Jeanne d'Arc)>도 있다. 왼쪽 측랑에는 <아씨시의 성 프란치스코(Saint François d'Assise)>가 있는데, 단순한 형태와 밝은 색을 사용한 것은 교회 안으로 빛을 최대한으로 끌어 들이려고 한 것이다.

마티스·브라크·보나르

교회를 장식하기 위해 드베미와 꾸뛰리에 신부는 당대의 유명한 예술가들인 보나르·마티스·브라크에게도 도움을 청한다.

우선 보나르(Pierre Bonnard: 1867.10.3~1947.1.23)의 <성 프란치스코 살레시오(Saint François Sales: 1567.8.21~1622.12.28)>는 후광에 싸인 성인이 자신의 교구인 안느씨

앞에 주교복을 입고 앉아있고, 성모방문과 성 프란치스코 교회 그리고 멀리 노란색과 보라색의 성이 어렴풋이 보이는데, 그것은 성인이 어린 시절을 보냈던 또랑스 성(le château de Thorens)이다. 이 그림은 보나르가 죽기 얼마 전에 살레시오 성인의 생애에 많은 흥미를 느껴 오랫동안 연구한 끝에 완성하여 파리의 한 갤러리에 전시하게 된다. 이 위대한 성인의 초상화에 후광을 그리지 않았다는 걸 뒤늦게 생각해 낸 그는 몸이 아프고 거리가 먼데도 불구하고 파리까지 가서 후광을 그려 넣는다. 그리고 나서 측근들에게 "이제는 내가 죽을 수 있겠어"라고 말했다고 하는 작품이다.

북쪽 측랑에는 노란색으로 빛나는 마티스(Henri Matisse: 1869.12.31~1954.11.3)의 큰 타일 작품이 있는데, 단순하고 확실한 선으로 두 개의 포도나무에 둘러싸인 <성 도미니크(Saint Dominique)> 이다.

브라크(Georges Braque: 1882.5.13~1963.8.31)는 독창적이고도 단호한 조각술로 익투스(IXTHUS)라는 단어와 카톨릭의 상징인 물고기를 감실문에 새겼다. 익투스는 그리스어로 물고기를 상징하며, 초기 기독교 시대에 크리스천임을 알리는 표시로 쓰였다.(I=Jésus, X=Christ, TH=Dieu, U=Fils, S=Sauveur 즉 Jésus Christ, fils de Dieu, Sauveur : 예수 그리스도, 하느님의 아들, 구세주라는 뜻)

불행하게도 이 작품은 도난당하고 브라크 가족이 아량을 베풀어 두 번째 버전으로 대체되어 오늘에 이르고 있다.

세례당 Baptistère

교회에 들어가 바로 오른쪽에 있는 세례당에는 샤갈(Marc Chagall: 1887.7.7~1985.3.28)의 작품 다섯 점이 있는데 90개의 타일 조각으로 구성된 <홍해

건너기(La traversée de la Mer des Roseaux)〉는 왼쪽
에 노란 옷을 입은 모세가 장엄한 몸짓으
로 물길을 열고, 천사가 인도하는 대로 백
성들이 물을 건넌 후 파라오의 군대 앞에
서 물길이 닫혀버린다. 샤갈은 자신에게
친숙한 성경 주제를 타일 위에 작업하면서
영감을 마음껏 펼쳤다고 할 수 있다. 옆 벽
에는 대리석에 시편의 구절을 삽화로 낮
게 돋을 새김한 두 작품이 있고, 엷은 푸른
색과 초록색으로 부드럽게 장식한 두 점의
스테인드글라스가 있다.

세례당 한 가운데는 씨뇨리(Carlo Sergio Signori:
1906.12.2~1988)가 나뭇결무늬가 있는 카라라
산 흰 대리석으로 조각한 우아한 세례반
이 있다.

샤갈 〈홍해 건너기〉

지하 무덤 la crypte

교회를 나와 후진 쪽으로 돌아가면 지하 무덤의 입구가 나온다. 대부분의
교회는 제단 밑에 무덤이 있는데 이 교회가 참으로 특이한 구조라 할 수 있
다. 계단을 내려가면 제단이 보이고 뒤의 장식 병풍은 라디스라스 키즈노
(Ladislas Kijno: 1921.6.27~2012.11.27)의 〈최후의 만찬〉이다. 키즈노는 폴란드 태생
의 프랑스 작가로 결핵에 걸려 요양소에 치료하러 와 있다가, 드베미 신부
의 설득으로 교회 장식에 참여하게 된다. 그는 화려하면서도 어두운 색조로

라디스라스 키즈노의 '최후의 만찬'

마지막 식사 장면을 그리고 있는데, 사도들은 좁은 공간에서 촘촘히 예수를 에워싸고 있다.

그림 위로 그림자를 드리우고 있는 십자가와 감실은 끌로드 마리(Claude Marie: 1929~)가 제작한 구리 재질의 작품인데, 제르멘느 리시에의 제자여서 그런지 분위기가 아주 비슷하다.

아담한 창문들은 마르그리뜨 위레(Marguerite Huré: 1895.12.9~1967.10.26)의 16점의 스테인드글라스로 장식되어 있는데 성경의 내용을 알기 쉽게 표현한 능력이 뛰어나다. 그중 <언약의 궤(L'Arche d'Alliance)>, <성체(l'Euchariste)>, <사자 우리에 빠진 다니엘(Daniel dans la fosse aux lions)>등은 특히 감동적이면서 눈을 즐겁게 해 준다.

작곡가이며 코코 샤넬의 후원을 받았던 이고르 스트라빈스키의 아들인 테오도르 스트라빈스키(Théodore Strawinsky: 1907~1989)도 모자이크를 남겼는데, <성 요셉과 아기 예수>와 <성녀 테레사>이다.

언약의 궤

성녀 테레사

이 교회 설립자인 드베미 신부의 무덤

박물관 입구

<위대한 침묵>의 배경 Monastère de la Grande Chartreuse

🛐 그르노블(Grenoble)에서 출발하여 해발 1,300m가 넘는 산을 넘고 또 넘어, 힘들게 찾아간 동네는 인구 700명 정도가 살고 있고 내가 한때 좋아했던 가수 자끄 브렐(Jacques Brel)이 살았던 '생 뻬에르 드 샤르트뢰즈(Saint Pierre de Chartreuse)'이다.

이 동네에 다큐멘터리 '위대한 침묵'의 배경인 모나스떼르 드 라 그랑드 샤르트뢰즈 수도원과 수도원의 생활상을 그대로 볼 수 있게 만들어 놓은 박물관(Musée de la Grande Chartreuse)이 있다.

그날(2013.8.2) 박물관 앞에 가니 산중에 자동차가 주차장을 가득 메우고 있고 옆에는 드넓은 들판이 있어서 사람들이 모두 한 자리씩 차지하고 앉아 준비해 온 점심을 먹으며 여유롭게 햇볕을 즐기고 있다. 우리 처지로는 상하지 않는 음식만 겨우 챙겨 다니지만, 서양 사람들을 보면 식탁보까지 가지고 다니면서 어디든 펼치기만 하면 근사한 식탁이 된다. 우리도 보잘 것 없는 식사를 마친 뒤 매표소에서 티켓(1인당 7.9유로)을 사고 박물관으로 들어가 수도사의 방들을 차례대로 구경했다. 카르투지오 수도원은 봉쇄수도원으로 수도사 가족 조차도 접근이 어려운 곳인데, 사람들이 호기심을 어쩌지

수도사들이 쓰는 도구들

못해 자꾸만 수도원 안을 기웃거리니, 차라리 박물관으로 꾸며 일반에게 공개하고 수도원은 해발 2,026m 그랑 쏨 밑으로 자리를 옮겼다.

박물관에는 오로지 독방에서 기도와 묵상으로 침묵 속에서 정진하며 보내는 그들의 생활을 엿 볼 수 있는데, 수도사들의 일과표에서부터 각종 연장, 바느질 도구, 설피 등이 전시되어 있다.

감옥처럼 창구를 만들어 배식을 받고, 하고 싶은 말이 있으면 써서 넣어놓는 함도 있다. 세면대와 개수대도 단출하기 짝이 없다.

이리저리 다니다 지도가 있기에 자세히 보니 한국에도 보은과 상주에 카르투지오 수도원 분원이 있다고 표시되어 있다.

박물관을 보고 수도원에도 가 보고 싶은 생각이 들어 사람들에게 물어보니, 2km 떨어진 곳에 있는데 걸어서만 갈 수 있다고 한다. 담장 밖을 볼 수 없는데 왜 가느냐고 하면서…

그래도 우리 부부는 8월의 따가운 햇볕 속에 표지판을 보며 걸어간다. 침묵의 구역(Zone de Silence)이 나오면 수도원이 가까이 있다는 표시겠구나 싶어

수도원

발걸음이 가벼워진다. 드디어 산 밑에 안전하게 자리 잡은 회색 지붕과 높은 담장이 보인다. 수도원을 오른쪽에 두고 올라가다 보면 문이 열려 있고 성체(Eucharistie)라고 쓰어 있는 작은 샤뻴이 있는데, 문에 아름다운 글씨와 그림으로 '지나가고 있는 너, 너를 부르는 주님이 여기 계시니 원하면 문을 밀고 들어와 우리 옆에서 기도 하렴(Toi qui passes, Le Seigneur est là qui t'appelle. Si tu veux, pousse la porte et viens prier près de nous)'이라고 쓰어 있다. 얼핏 보면 그림만 보이고 글씨는 잘 보이지 않는다. 우리도 현장에서는 이렇게 아름다운 글인 걸 몰랐는데, 찍은 사진을 자세히 보니 글이 보여 여기에 적어본다. 안으로 들어가보면 조촐한 제단과 아름다운 작은 창을 볼 수 있다.

수도원은 위태로운 바위산 밑에 있어서, 박물관에서 봤던 "주여, 이 큰 집을 보호해 주소서"라는 기도문이 저절로 떠오른다.

수도원은 담이 높아서 들여다 볼 수는 없으나 끝까지 가서 오른쪽으로 돌면 두 손으로 얼굴을 감싸고 있는 교황의 동상이 보이고 그 밑에 수도원 교회가 있는데 7~8월 일요일 11시 미사에 일반인도 참석할 수 있다고 써있다.

작은 샤뻴에 아름다운 문구

그러나 오늘이 금요일이라 너무나 애석한 마음으로 왔던 길과는 다른 길로 돌아가는데 자연과 산을 보호하기 위해 애쓰는 걸 곳곳에서 볼 수 있었다. '입산금지' 같은 딱딱한 말보다 '당신은 산을 사랑하지요. 우리도 그렇답니다'처럼 아이들도 이해하기 쉽게 재미있는 그림까지 넣어서 표현하는걸 보면 그들이 참 여유있어 보인다.

카르투지오 수도회

1032년 경 독일 쾰른의 귀족 집안에서 태어난 브루노(Bruno)가 두 명의 동료와 함께 해발 1,300m에 위치한 샤르트뢰즈에 자리 잡고, 기도와 묵상·노동을 하며 6년 동안 엄격하고 청빈한 생활을 한 것이 카르투지오 수도회의 시작이다. 이들은 초기 은수자들의 영향을 받아 고독과 금욕·청빈과 정결·순종과 침묵을 서원하며 하루에 여덟 번씩 독방에서 의식을 행하고 나머지 시간에는 독서와 묵상·기도와 노동을 하며 정진 수행한다. 새벽 3시에 드리는 새벽기도(matines)부터 6시의 조과(prime), 9시의 제3의 기도(tierce), 12시의 제

6의 기도(sexte), 14시의 제9의 기도(none), 저녁에 드리는 저녁기도(vèpres), 한 밤중에 드리는 찬과(laudes), 취침 전의 만도(complies)를 독방에서 홀로 드려야 한다. 그들은 틈틈이 노동도 해야 하니 딴 생각 할 틈을 주지 않으려고 빡빡한 규칙을 만들어 자신을 단련하는 것이다. 날마다 좁은 독방에서 침묵하며 생활하는 수도사들은 건강을 위해 월요일에 네 시간씩 뒷산을 오르는 운동을 하며 동료들과 대화할 수 있는 기회를 갖는다.

Info

Saint Pierre de Chartreusem는 Grenoble 북쪽 28km

Chambéry 남쪽 40km

Lyon 동남쪽130km에 있다.

박물관은 겨울에는 닫으니 가능하면 여름에 가는 것이 좋다.

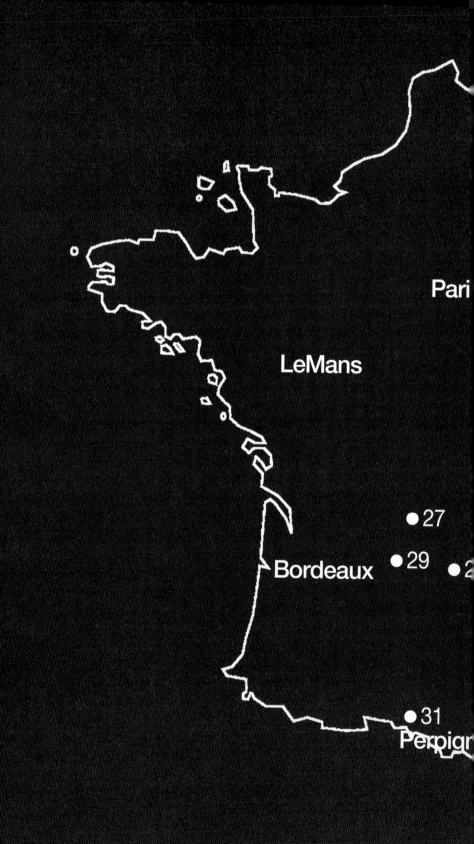

Pari

LeMans

●27

Bordeaux ●29 ●2

●31

Perpigr

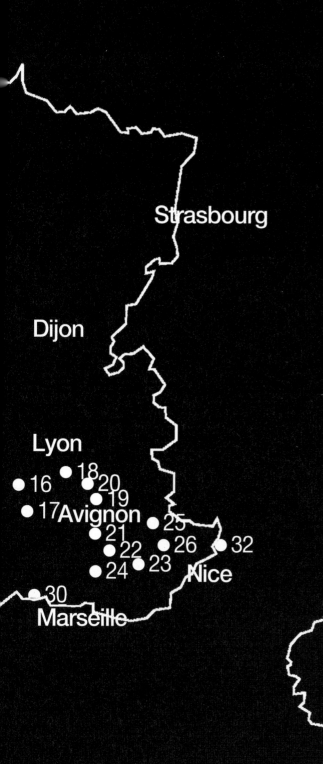

Strasbourg

Dijon

Lyon

● 16 ● 18 20

 17 Avignon

19

21
22
24 23
Nice
25
26 32

● 30
Marseille

제3장 프랑스 남부

성 마리아 교회로 올라가는 계단

'가장 아름다운 마을' 중 하나인 보귀에 <u>Vogüé</u>

🏠 보귀에(Vogüé)는 가장 아름다운 마을 중 하나이며 역사가 깊은 중세 마을로 인구는 1,000명 정도이다. 작은 마을이라 지도에는 나오지 않지만 마을도 예쁘고 볼거리도 의외로 많아서 관광객이 아주 많이 모여드는 곳이다. 이 마을은 오브나 남쪽 10km, 비비에 북서쪽 35km, 몽뗄리마르 서쪽 38km에 위치하고 있다.

우리는 이 마을에 너무 일찍 도착해 '관광 안내소'도 닫혀 있어 카페에 앉아 시간을 보냈다. 열시에 안내소에 가니 정보를 얻으려는 사람들이 줄을 길게 서 있다. 이 마을을 어떻게 읽어야 하냐고 물으니 '보귀에'라고 한단다. 프랑스 고유명사는 특히 발음이 어려워서 실수하기가 쉽다.

성 마리아 교회 Église Sainte Marie

11세기에 로마네스크 양식으로 지은 교회인데 종교 전쟁 때 엄청난 시련

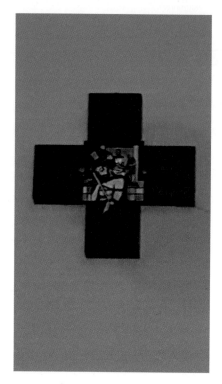

현대적인 '십자가의 길'   제단 뒤 타파스리

을 겪으면서 많은 손상을 입었다. 정면 벽에 있는 '1691'은 영주의 도움으로
교회를 재건한 년도를 새겨 놓은 것이고, 종탑 남쪽 벽면에도 고마움을 표
현하기 위해 그 가문의 문장을 새겨 놓았다(닭 모양). 그 아래는 영주들의 지
하 매장터가 있다.

　안으로 들어가면 회중석은 셋으로 나뉘어 있고 '십자가의 길'은 현대적인
감각으로 해석하여 세라믹으로 구웠는데 단순하면서도 아름답다.

　그리고 정갈한 제단 뒤에 있는 타파스리는 1989년에 제막을 한 작품으로
가로 3.65m 세로 2.9m의 크기이다. 인근에 있는 두 공방에서 6,600시간 걸
려 만든 이 타파스리에서 갈색은 '인간애'를, 푸른색과 초록색은 '변모와 변
화'를, 분홍색은 '숭고함'을 상징한다고 한다.

성 세리스 샤뻴 chapelle Saint Cérice

세리스 샤뻴은 보귀에 성 뒤에 있는 아주 작은 교회로, 보귀에 가문의 후손인 세리스 가족의 샤뻴이다. 돌로 된 제단에는 아무것도 없고, 오른쪽 기둥 위에 초록색 상의와 빨간 치마를 입은 성모상만이 있다. 돌로 쌓은 둥근 천장이 너무 아름다운데 우리가 갔을 때는 샤뻴 안에서 모자이크 전시회가 열리고 있었다. 샤뻴로 올라가는 길이 오솔길이라 반대편에서 오는 사람들을 조심스럽게 비켜 주면서 올라가야 한다. 표지판은 잘 되어 있으므로 길을 잃을 염려는 없다.

성 세리스 샤뻴

성 안의 샤뻴

안내소에서 얻은 팜플렛에 아주 아름다운 조각상이 있기에, 직원에게 어느 교회에 있느냐고 물으니 성의 샤뻴에 있다고 알려준다.

성 입구로 들어가면 오른쪽에 있다는데, 약도를 봐도 찾기가 쉽지 않았다. 직원의 말대로 민트색 문으로 들어가 계단을 다섯 칸 올라가니 너무나 작고 예쁜 샤뻴이 나온다. 돌 제단 뒤로 '예수와 12사도'상이 조각되어 있는데, 4명은 머리가 많이 훼손되었고 예수 머리도 절반은 망가졌다. 종교 전쟁과 대혁명의 화를 면하지 못한 것인데, 그래도 아름답다. 교회는 하도 좁아서 양쪽 벽면에 심플한 나무의자 세 개씩만 놓여 있다. 제단의 반대편으로 성 바르톨레미(Saint Bartholémy)의 유해가 모셔져 있고 출입문 위에는 보귀에 가문의 문장인 닭이 조각되어 있다. 스테인드글라스는 유명한 현대 작가인 마네시에(Manessier)의 작품이다.

보귀에Vogüé 성

석회암 절벽 기슭에 11세기에 세워진 이 '보귀에 후작 성'은 아르데슈(Ardèche)강 둑에 원형 극장처럼 세워진 아름다운 마을을 내려다보고 있다. 4개의 원형 타워가 있으며, 17세기에 개조된 이 중세 요새는 현재는 전시장으로 쓰이고 있는데 현대 예술가들의 작품 뿐 아니라 수 세기 동안의 보귀에 가문의 역사를 볼 수 있고 마을과 아르데슈 계곡을 감상할 수 있다.

Info
매일 10h 30~13h, 14h~18h 개방

성 안의 교회에 있는 12사도　　　　　이 마을 성주의 문양 '닭'

산에서 내려다본 마을

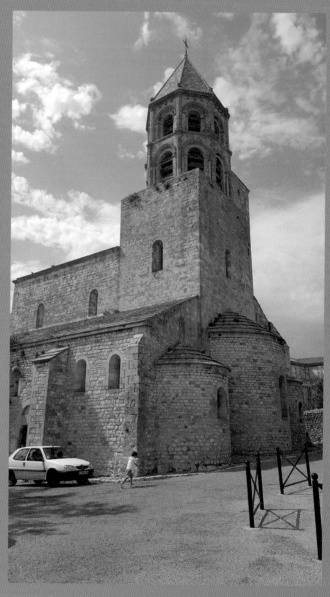

성 미카엘 교회 전경

라 가르드 아드에마르의
성 미카엘 교회 <u>Église Saint Michel de La Garde- Adhémar</u>

라 가르드 아드에마르는 작은 중세 마을로 프랑스인들이 좋아하는 마을로 뽑힌 곳이다. 인구 1,000여 명이 살고 있는 산꼭대기 마을로 볼렌느 북쪽 14km, 오랑쥬 북쪽 36km, 몽뗄리마르 남쪽 22km에 위치해 있다. 이 마을이 1세기부터 로마군의 식민지였다는 사실과 최근 <아그리파 길>의 흔적이 발굴에서 밝혀졌다고 하니 얼마나 오래된 마을인지 짐작할 수 있겠다.

멀리서 산 위에 잘 생긴 마을이 보이면 대개 "저 마을이다" 하는 감이 온다. 그 날도 멀리서부터 보이는 이 마을을 향해 푸른 밭길 사이로 달려가는데 어디선가 부터 파란색 차가 우리 뒤를 계속 따라왔다.

배달차겠지 생각하며 교회가 있는 정상까지 차를 몰았다. 성곽 마을은 길도 좁거니와 일방 통행이 대부분이라 내비도 제대로 기능을 못 하는 경우가 많으니, 교회 표지판만 보며 무작정 올라가는데 드디어 앞에 교회가 보였다. 우리는 '이 더위에 고생을 덜었네' 좋아하면서 주차를 하려고 하는데, 계속 따라오던 차가 갑자기 우리 앞으로 쌩하고 와서 막아선다. '아뿔싸!' 헌병

세 쌍둥이 후진

둘이 차에서 내리더니 우리를 향해 뚜벅뚜벅 걸어오는 것이다. '우리가 무슨 잘못을 했지? 속도 위반을 한 것 같지도 않은데…' 별별 생각이 머릿속을 어지럽게 하는데, '관광객은 마을 밖 주차장에 주차하셔야 합니다' 그러면서 안내할 테니 따라오라며, 앞장서서 꼬불꼬불한 동네 길을 빠져나와 성 밖 주차장까지 안내해 주고는 휙 하고 가버린다. 마을 밖에서부터 우리가 꼭대기까지 차를 몰고 갈 것을 미리 알고 따라온 걸까?

여행하다 보면 감동적인 일도 많고, 가슴 떨리는 일도 수없이 겪게 되는데 그것도 여행의 묘미라 하겠다.

성 미카엘 교회

성 미카엘에게 봉헌된 이 교회는 12세기 후반에 지어졌는데 1849년에 메리메 덕분에 보수를 하여 지금의 모습을 갖추게 되었다. 소박한 규모의 이

단아한 제단

교회는 수직의 연속적인 선과 아름다운 돌림띠가 놀랍고 두 개의 측랑과 4분 궁륭은 버팀목 역할을 한다. 제단은 동쪽을 향하고 있는 것이 일반적인데, 이 교회는 절벽 위에 짓느라 서쪽을 향하고 있는 점을 특히 주목해야 한다.

넓이 3.7m, 높이 22m, 길이 14m에 불과한 날씬하고 작은 비율이 중세 마을과 잘 어울린다. 벽면에는 장인들과 석공들의 간결한 싸인이 많이 보이는데, '페투르스(수제자: petrus)'라는 단어가 가장 많이 보인다. 반원으로 되어있는 제단은 두 개의 작은 후진을 양쪽에 거느리고 있는데, 이런 구조는 프랑스에서는 아주 드물고 라인 강변의 오래된 건축물에서나 간혹 찾아 볼 수 있다고 한다.

입구 왼쪽에는 잘린 기둥이 있는데 '장례 돌기둥'이라고 부른다. 거기에 D와 M이 새겨져 있는데 '사자의 영혼(DIIS Manibus)'이란 뜻이다. 오른쪽에는 갈로 로맹시대 이교도의 제단이 있는데 '님프의 어머니께(Matris Nymphis)'라고 쓰여 있다.

구원의 성모마리아   스테인드글라스

　4면에 쇠시리 장식을 한 제단의 테이블은 '님프의 계곡(Val des Nymphes)'에서 발견되어 지금도 제단으로 사용되고 있다.

　북쪽 샤뻴에는 아주 오래된(12세기) 로마네스크 상이 모셔져 있는데, '구원의 성모 마리아(Notre Dame du Bon Secours)'상으로 대혁명 때는 벽 틈새에 숨겨서 화를 입지 않았다고 한다.

스테인드글라스

　주교관을 쓰고 왼손으로 아기 예수를 안고 있는 스테인드글라스는 교황의 특사였던 아드에마르 드 몽떼이유를 추모하며 제작되었다. 그는 십자군 원정 때 성모에 대한 찬가(Salve Regina)를 만들어 병사들에게 부르게 했다.

조촐한 회중석과 제단

성 레스띠뛰 교회의 후진

장님이 눈을 뜨고 주교가 되다: 성 레스띠뛰 교회 Église Saint Restitut

신석기 시대부터 사람이 살았던 생 레스띠뛰 마을은 리구리아인(프랑스 동남부에서 롬바르디아에 걸쳐 살았던 민족)과 켈트족이 잇달아 살게 되었다고 하는데, 지금은 1,300명 정도가 살아가는 조용한 산중 마을이다. 우리가 방문했던 날은 피부를 말릴 것처럼 따가운 날씨라서 그랬던지, 마을 입구 공터에서 뻬땅끄라는 공놀이를 하는 서너 명의 중년 남자들이 없었더라면 사람이 살지 않는 동네인줄 알았을 것이다.

이 마을이 유명해진 것은 레스띠뛰라는 성인이 묻혀있는 교회가 있기 때문인데, 레스띠뛰는 장님으로 태어나 예수에게 치유받은 '시도니우스'가 개명한 이름이다. 예수의 기적을 기억하기 위해 '시력이 회복되었다'라는 뜻을 가진 레스띠뛰로 이름을 바꾼 것이라고 한다.

성 레스띠뛰 교회

12세기에 지은 로마네스크 양식의 교회로 가장 오래된 부분은 11세기에 지어진 장례 탑이고 탑에 덧대어 교회가 지어졌다.

아름다운 후진의 장식 중 축복하는 예수

사실 교회의 역사에 대해서는 의견이 분분하지만 교회 발굴 과정에서 '549년'이라고 쓰여있는 대리석판이 나온 걸로 봐서 6세기 중엽에도 이미 교회가 있었다는걸 알 수 있다. 세월이 흐르면서 교회도 어쩔 수없이 변화를 받아들이고 혼란을 겪게 되는데, 다 열거할 수는 없지만 지붕, 기둥, 코니쉬, 내진의 창문, 현관, 세례반 그리고 샤뻴로 바뀐 지하묘지 등이 수리되어 지금의 모습이 되었다.

장례 탑 la tour funéraire

11세기 로마네스크 양식의 탑으로 토대는 4세기에서 6세기까지 거슬러 올라간다.

탑 내부에는 성 레스띠뛰의 유해가 있는 지하 매장 터가 있다.

정사각형의 육중한 탑은 교회의 서쪽에 자리 잡고 있으며, 탑에서 눈길을 끄는 것은 4면을 장식하고 있는 장식 띠인데 성서에 있는 주제, 이상야릇한

후진의 아름다운 장식

동물들 그리고 석공들의 생활상들이 조각되어 있다. 그중 가장 환상적인 주제는 서쪽 면에 있는데, 바이올린 켜는 당나귀, 큰 도마뱀, 힐끗 쳐다보기만 해도 상대방을 죽일 수 있다는 수탉 몸통에 파충류 꼬리를 가진 동물 등이다. 가운데는 경배하는 이들에게 축복을 내리는 그리스도가 자리하고 있다.

후진

라 가르드 아드에마르의 생 미셸 교회처럼 이 교회도 후진이 서쪽을 향하고 있다. 12세기에 만든 후진은 깎은 건축용 돌을 사용하여 오각형 모양으로 만들었고 사각형 기둥들이 받치고 있는데, 아칸서스 잎으로 장식한 기둥, 고풍스러운 갓돌, 섬세한 장식띠, 종려나무로 장식한 까치박공 등 훌륭한 솜씨를 과시하고 있다.

문

  남쪽 문은 그레꼬-로망 양식에서 영감을 받은 프로방스식 로마네스크 문의 전형으로, 세로로 홈을 판 기둥, 아칸서스 이파리를 새긴 기둥, 세모꼴 박공과 아무 장식 없이 비어있는 삼각면도 특이하며, 오른쪽 기둥에는 얼굴과 두 손이 조각되어 있다. 두 문짝은 화려한 경첩과 사자머리 모양의 버팀쇠로 장식되어 있는데, 파리의 노트르 담 대성당 중앙문의 경첩을 제작한 삐에르 프랑스와 마리 불랑제(1813.6.10~1891.7.1)의 작품이다. 베즐레, 생 드니, 부르쥬 대성당, 보베의 대성당 등 헤아릴 수 없을 정도로 많은 작품을 남긴 대 예술가가 이런 시골 교회의 문을 장식했다는 것은 이 교회의 비중을 짐작하게 한다.

교회 내부

  가로 9.1m, 세로 22.4m, 높이 12.5m의 아담한 규모로, 회중석은 하나로 되어 있다. 천장은 반원형이며 아칸서스 잎으로 장식된 코니쉬와 육중한 기둥들이 있다. 조가비로 장식된 내진은 보기 드물게 우아한 로마네스크식 기둥으로 둘러져 있다.

Info

Saint-Restitut는 Bollène 북쪽 9km

Montélimar 남쪽 33km

Orange 북쪽 32km에 있다.

사자머리 완충장치   교회 내부

지하 매장터와 세례반

브나스끄 6세기 세례당 표지판

6세기 세례당 <u>Le Baptistère de Venasque</u>

마을 소개

프로방스 지방에는 워낙 유명한 곳이 많지만, 우리는 가장 아름다운 마을 중 하나이고 유서 깊은 세례당이 있다는 브나스끄(Venasque)를 찾기로 했다. 브나스끄는 고르드 북서쪽 15km, 까르빵뜨라 동남쪽 13km, 아비뇽 북동쪽 34km에 자리잡고 있는데, 6세기에 만든 세례당을 보기 위해 수많은 유럽인들이 몰려오는 곳이다. 인구는 약 1,000명 정도이고, 일 년 중 4~5개월은 눈에 덮여 있는 방뚜(Ventoux)산을 마주 보고 있는 천연 요새 마을이다.

성벽과 바위산에 갇혀 있는 브나스끄 주민들은 오랫동안 '늑대들'로 불려왔고, 인근에 있는 마을 사람들은 지금도 그렇게 부른다고 한다. 그들은 딸을 외지인에게 시집보내지 않았고 바위에 구멍을 파고 살았다고 하며 중세 시대에 최고로 번영을 누렸으나, 동고트족과 서고트족이 쳐들어와 모든 걸 부서버렸다.

그 후 마을 사람들은 요새를 더욱 강화하기 위해 바위의 돌출부분을 재단하고, 마을 입구와 길도 최소한으로 만들어 외세의 침략에 대비했다. 옛 빨래터에서 출발하여 절벽을 돌아 탑에 이르는 자갈길이 유일한 통로였고, 넓고 깊은 해자가 옛길과 요새사이에 파여 있다. 그 결과 주변 마을이 모두 외세에 침략 당할 때 이 마을만은 온전하게 살아남았다. 주민들은 수 세기 동안 양잠과 사지(옷감의 종류로 겨울 군복이나 신사복을 만듦)를 짜면서 살아왔고, 지금은 산 버찌를 집약 농업 방식으로 생산하여 '브나스끄의 버찌'라고 하면 시장에서 불티나게 팔리는 효자 상품으로 통하고 있다.

세례당 le Baptistère

'파리에 노트르담 성당이 있다면, 브나스끄에는 이 세례당이 있다'. 또는 '브나스끄가 이탈리아에 있다면, 전 세계적으로 유명한 순례지가 되었을 것이다'라고 할 정도로 프랑스 뿐 아니라 전 유럽인이 자부심을 가지고 찾아보는 곳이다. 이 세례당은 6세기 메로빙거 시대에 세워진 곳으로 브나스끄의 주교 성 씨프랭(Siffrein)이 로마 신전터에 그리스 십자가 모양으로 지은 것이다. 세례당은 성인 영세 지망자를 물에 담가 세례줄 때 쓰이는데, 세례식은 일 년에 두 번 주교만이 줄 수 있기 때문에 넓은 공간이 필요해져서 만든 것이다. 세례당은 네 개의 내진으로 구성되어 있고 기둥들은 한 개의 돌로 되어있는데, 로마 신전에 있던 것을 재활용한 것이고, 세로 홈이 파졌거나 엮음 장식을 한 기둥들은 메로빙거 시대 것으로 생각된다. 북쪽 내진에는 대리석 제단이 있고, 서쪽 내진에 있는 대리석 통은 옛날에 기름 짜던 압착기이다. 중심이 약간 어긋난 팔각형 세례반도 있고 나무로 조각된 씨프렝 성인이 재갈을 들고 있는 17세기에 만든 동상도 있다.

대리석 제단

아주 옛 세례반이 있었던 곳

씨프랭 성인   세례당 전경

네 개의 내진은 십자가의 가지 또는 동서남북을 의미하고, 각 내진에 있는
다섯 개의 아치는 오감을 나타내며, 팔각형 세례반에서 8이라는 숫자는 그
리스도의 부활과 새로운 창조를 의미한다고 한다.

성스러운 재갈 Saint Mors

성 씨프렝이 두 손에 들고 있는 재갈은 예수가 십자가에 못 박힐 당시 예
수의 두 손을 뚫고 박혔던 못을 벼려 만든 것이다.

기독교를 공인한 콘스탄티누스 황제(274.2.27~337.5.22)의 어머니인 헬레나 성
녀(250~330)가 기독교 전통에 따라 십자가가 묻혀 있던 곳을 파서 못을 찾
아내, 황제의 말 재갈을 만들고 또 하나는 황제의 왕관에 부적으로 박아
넣었다. 두 번째 못으로는 황제의 이마를 보호하기 위해 투구의 챙으로

만들었으며, 세 번째 못으로는 아들의 심장을 보호하기 위한 목걸이로 만들었다. 성인이 들고 있는 재갈은 무게가 350g이고, 두 가지가 17cm의 가느다란 대포와 연결되어 있는 모양을 하고 있다.

씨프렝 성인은 어떤 사람일까?

이 성인의 아버지는 이탈리아 깜빠냐의 귀족으로 이 지방 절반의 땅을 소유하고 있었는데, 아내가 죽자 열 살 먹은 아들 씨프렝을 데리고 니스(Nice) 앞 바다 건너편 레렝섬에 있는 수도원에 은거한다. 그때부터 이 아이에게 가족이라고는 수도사들 밖에 없었는데, 그중 가장 박식한 수도사가 그에게 '과학과 신앙'을 가르치게 되었고, 그도 나중에 수도사가 되어 완덕의 길로 들어서게 된다. 그가 병자를 고치고 마귀를 쫓는 등 기적을 많이 행하게 되자, 그의 명성이 퍼져나가 여기 브나스끄까지 알려지게 되고, 이 지방 주교가 죽자 주민들은 그에게 사신을 보내 후임으로 와 줄 것을 간곡히 청하게 된다. 처음에는 수도사의 '겸손'이라는 덕목으로 거절했으나, 주인에게 '복종' 해야 한다는 계율 때문에 제안을 받아들이게 된다. 그가 주교직에 있을 때 경이로운 일을 많이 행하는데, 젊은 성직자를 병마에서 구해주고, 도둑을 밝혀내고 마귀를 퇴치한 일 등이 그것이다. 그는 이곳에서 설교하고, 위안을 주고, 축복을 내리며 주교직에 있다가 570년 11월 27일 세상을 떠난다. 그의 죽음 또한 이 지방에서 마지막 기적이 일어나는 기회가 되었는데, 브나스끄 주민들의 행복에 질투를 느낀 도적들이 그의 시신을 훔쳐 빼돌리려 했지만 신이 그들의 눈을 멀게하여 실패하고 성인의 유해는 다시 수습되어 대성당에 안치된다. 이 사건은 1500년이 지난 지금도 많은 사람들의 입에 오르내리는 유명한 이야기라고 한다. 씨프렝은 기독교인이든 이교도이든, 브나스끄인이건 외지인이건 모두가 사랑하고 존경하는 성인이라 할 수 있다.

기타 등등…

이 마을 주변에는 240여개의 보리(Borie)가 있는데, 페스트로부터 피신하기 위해 쌓은 예술미 넘치는 돌 움막으로 내부에는 와인을 숙성시키는 나무통과 포도즙을 짜는 압착기까지 갖춰져 있다. 또 방뚜 산 중턱에는 1721년 2월에 교황의 부사와 프랑스 왕의 대사가 합의하여 6피트 높이로 쌓은 돌로 된 벽(mur de la peste)이 있는데, 이 또한 페스트로부터 살아남기 위한 몸부림이었다고 할 수 있다. 1721년 3월부터 6월까지 500명의 성인 남자를 동원하여 완성한 후 교황청과 프랑스 왕의 수비대 천여 명이 감시를 했다고 하는데, 그래서였을까? 이 마을만은 페스트의 해를 입지 않았다고 한다.

Info

세례당 개방시간: 9h~12h, 14h~18h 30

로마식 돌 천장

묘석

나자렛 성당

베종 라 로멘느의
나자렛 대성당 Cathédrale Notre-Dame de Nazareth

🏛 나자렛 대성당은 베종 라 로멘느(Vaison-la-Romaine)라는 제법 큰 도시에서 약간 한쪽 구석에 자리 잡고 있다. 12세기에 프로방스식 로마네스크 양식으로 지은 이 성당은 회중석이 셋으로 분리되어 있고 후진이 두 개로 되어 있다. 돌로 만들어진 주교 의자는 사제단 의자 가운데 있고 11세기에 흰 대리석으로 만든 제단은 세로로 홈 장식이 있는 석관 위에 올라가 있다.

소후진(absidiole)은 포도나무와 포도송이로 둘러싸인 배가 볼록한 꽃병으로 장식되어 있는데, 이 문양은 현재 이 마을의 문장(emblème)으로 사용되고 있다.

남쪽 측랑에는 회전하는 돌로 만들어진 세례반이 있고, 십자가 위의 예수가 머리를 하늘로 향하고 있는 것도 특이하다.

1950년에 석관이 출토되었는데, 아마도 이 도시에 복음을 전파한 6세기의 성 끄넹(Saint Quenin)의 것으로 추정된다고 한다.

경내 정원 cloître

성당 북쪽에 11세기에 만든 정원은 보존이 잘 되어 있고, 쌍둥이 기둥들은

세로 홈 장식의 제단

나뭇잎으로 장식된 대리석이다. 동쪽에는 꽃바구니 장식, 아칸서스 잎, 얽힘 장식 그리고 작은 피귀린으로 섬세하게 장식한 기둥도 있다. 측랑의 갓돌에는 시구가 새겨져 있고 열두제자 중에 다섯 제자가 크게 훼손된 조각상은 교회의 수난상을 보여 준다. 그 밖에도 4세기와 5세기의 대리석으로 되어있는 기독교인들의 돌무덤, 15세기의 두 얼굴을 가진 아름다운 십자가, 기독교도들의 묘비명, 돌기둥, 메로빙거와 카로링거 시대의 장식판 그리고 장례식에 쓰이는 꽃병을 포함해서 작은 유리 조각들은 성당 앞뜰에서 무덤을 발굴할 당시에 나온 것들이라고 한다.

정보

2014년 여름 프랑스 여행 중에 이 마을에 갔을 때, 주차장은 물론이고 동네 입구부터 길가에 자동차가 꽉 차 있었는데 번호판을 보니 국적도 무척 다양해서 이 동네가 보통 동네는 아닌가보다 생각을 했었다. 그때는 여기

12사도

아니라도 볼 곳이 많으니까 그냥 차를 돌려 다른 곳으로 갔던 기억이 난다.

이번에 다시 가서 보니 성당과 정원만 봐도 충분히 매력이 있는 마을이란 걸 알 수 있었다.

이 마을의 수호성인은 성 끄넹인데, 그의 사망일(2월15일) 9일 전부터 큰 축제가 열린다. 베종 사람들은 "나는 신은 믿지 않아도, 끄넹 성인은 믿어."라는 말을 많이들 한다고 한다.

Info

Vaison-la-Romaine은 Bollène 동쪽 32km

Orange 북동쪽 30km

Montélimar 동남쪽 65km에 있다.

나자렛 성당은 9시 15분~18시 15분까지 개방하며,

주소는 Rue Alphonse Daudet 84110 Vaison-la-Romaine France이다.

가나고비 수도원 교회 정면

가나고비 수도원 — Abbaye Notre-Dame de Ganagobie

🏛 가나고비는 포르깔끼에(Forcalquier) 북동쪽 15km, 씨스테롱(Sisteron) 남쪽 30km, 압뜨(Apt) 동쪽 62km 떨어진 고원 위에 자리 잡고 있는 베네딕토 수도원으로, 1120~1130년에 제작된 울긋불긋한 모자이크는 프랑스에서 가장 주목받고 있는 작품이다.

이 수도원은 절벽으로 둘러싸인 좁은 고원 '라 뒤랑스(La Durance)' 암석층 650m 위에 있는데, 이 고원은 2천만 년 전에 생성된 것이라고 한다. 이 고원을 따라서 '도미띠엔느 길(La voie Domitienne: 로마 길의 하나로 BC 118년부터 건설했으며, 프랑스를 거쳐 스페인을 정복하려고 만든 길)'이 만들어졌고 이 길은 중세 시대에 이미 스페인과 로마 사이에서 <가장 짧고 가장 확실한 길>이라고 여겨졌다.

수도원의 역사

960~965년에 씨스테롱의 주교인 쟝(Jean)2세가 땅을 기증하여 수도원을 지으니 각종 기부금이 활발하게 들어와 수도원은 빠르게 번창하고 부유해 지는데, 특히 12~13세기에 포르깔끼에의 백작이 많은 기부를 한다. 14세기 말

까지 대단히 번영을 누리다가 15세기부터는 점점 쇠퇴하기 시작한다. 16세기 중반에 수도원장인 삐에르 드 글랑드베의 추진으로 조금 부흥하는가 싶더니, 종교 전쟁 때 완전히 약탈당하는 신세가 된다. 1562년에는 이 수도원에 피신해 있던 위그노(Huguenot: 캘빈파의 프랑스 프로테스탄트 교도들로 종교 의식·성직 계급제도와 수도원 제도를 비판 함)들이 프로방스의 총독에게 들켜 쫓겨난다. 그때 이 총독이 교회의 천장과 수도사들의 숙소를 부셔버렸는데, 그것은 위그노가 다시 숨어들지 못하게 하려고 한 일이지만 두고두고 애석한 일이라 하겠다. 17세기에 쟈끄 드 가파렐(리쉴리외 추기경의 도서관장을 지냄)이 수도원장으로 재직 할 동안에 수도원에 두 번째 전성기가 찾아오지만, 서서히 쇠퇴하다가 대혁명 때는 수도사들이 뿔뿔이 흩어지고 겨우 세 명만 남기도 했다. 1791년에는 국가 소유로 매각되어 교회의 날개 부분과 내진 그리고 수도원의 동쪽 부분을 허물게 된다. 1891년에 교회와 수도사 식당 그리고 정원을 수리하지만 1901년 수도사들이 이탈리아로 망명하고 만다. 1953년에 고원에 쉽게 접근하기 위한 도로 공사가 진행되자 흙에 덮혀 잘 보존되어 있던 모자이크가 드러나게 되니, 역사 위원회는 교회를 재건하기로 결정한다. 부서진 자재들이 모두 제자리에 있었으므로 1960년과 1975년 사이에 교회의 내진과 후진이 올라가고, 내진에 있던 모자이크는 공방에서 보수되어 1986년에 제자리에 놓여진다. 1992년 오뜨꽁브의 수도사들이 모두 이곳으로 오게 되어, 2013년 15명의 수도사가 살게 되었다.

교회 내부

12세기 중엽에 로마네스크 양식으로 지어진 교회는 회중석이 하나로 되어 있고, 길이는 17.7m이며 천장은 사분궁륭으로 되어 있는 아주 검소하고

교회 안에 있는 돌무덤(9세기)

군더더기가 없는 아름다운 교회다. 뒤쪽에는 9세기의 석관이 아름다운 조각을 뽐내고 있다.

교회 정면

특히 정문은 로마네스크 예술과 비교할 때 아주 독창적이라 할 수 있는데, 정면은 장식이 없어 평범하고 프로방스 지방에서 흔히 볼 수 있는 귀퉁이 버팀벽이 여기에는 없다. 꽃 줄로 장식한 정면의 아치는 모자랍(회교도 지배하에 있던 스페인의 기독교)의 영향을 받은 것으로 보인다. 삼각면에는 복음사가의 상징물로 둘러싸인 후광 안에 <장엄예수>가 있고, 상인방에는 열 두 제자가 조각되어 있다. 예수는 오른손으로는 축성을 하고 왼손에는 성경을 들고 있다. 복음사가를 상징하는 사자(성 마르코)는 '부활', 황소(성 루카)는 '예수 수난', 날개 달린 사람(성 마태오)은 '그리스도의 강생', 독수리(성 요한)는 '예수 승천'을 상징한다. 양쪽에서는 두 천사가 예수를 호위하고 있는데, 이 조각들은 모두 12세기 말에 제작된 것이다.

모자이크

1124년경에 제작된 모자이크는 원래는 82㎡의 정사각형 규모였는데, 16세기에 지붕이 무너지고 1794년에 교회가 부서지면서 72㎡로 줄었지만, 그래도 규모나 예술적인 가치 면에서 걸작으로 평가받고 있다.

중세 시대에 프로방스는 문화 예술 면에서 교역의 중심지였기 때문에 페르시아나 비잔틴의 영향을 많이 받아, 전체적인 느낌은 마치 동양의 양탄자를 보는 것 같다.

가나고비의 수도사인 삐에르 트룃베르(Pierre Trutbert)가 세 가지 색깔 즉 빨강(사암), 하양(대리석), 검정(석회석)을 이용하여 동물들과 상상의 식물들이 살아 숨쉬는 모자이크를 만들었다고 하는데 상상, 현실 그리고 신화가 서로 융합되어 있고, 이름을 알 수 없는 새들, 나무 탑을 등에 지고 가는 코끼리, 독수리, 물고기들, 사자, 그리고 사람 얼굴을 하고 있는 두 마리 새는 노래를 불러 뱃사람이 난파되도록 유인한다. 제작자는 이 새를 통해 영혼을 추락시키는 육체의 유혹을 그리고자 한 것이다. 이 그림들은 12세기 수도사들의 경험을 반영하는 것으로, 그들에게 이 세상은 정욕에 맞서 싸우는 투쟁의 장이었기 때문에 가혹한 금욕만이 악마의 힘에 맞서게 했을 것이다. 사티로스(반인 반수)의 보호를 받고 있는 기사가 괴수를 공격하고 있고, 궁사는 사자를 죽이려고 활을 겨누고 있다. 말에 탄 성 미카엘이 용의 주둥이에 창을 꽂아 넣는 장면도 있다. 그리스도의 상징인 제단은 동물들로 둘러 쌓여있는데, 이들 또한 신의 피조물들이다. 가나고비 모자이크 중 가장 인상적인 것은 내진의 중앙에 있다.

*동그라미 안에 코끼리 한 마리가 등에 건물을 지고 서 있는데, 이 코끼리

모자이크

는 소 발굽에 작은 귀를 갖고 있다. 중세에는 전통적으로 코끼리를 이렇게 묘사했다고 한다.

*몸을 웅크리고 있는 모양이 고양이나 표범처럼 보이는 형상이 있는데 자기 다리를 깨물고 있고, 클로버 모양의 꼬리는 두 다리 사이로 나와 있다.

*몸집이 큰 독수리 사자의 몸에는 반점이 있고, 끝이 꽃무늬 장식으로 되어있는 꼬리는 원을 그리며 배를 관통하고 있다.

*두꺼운 목을 가지고 있는 고양이과 동물이 위협적인 여덟 개 이빨을 드러낸 채 아가리를 벌리고 있다. 꼬리는 원을 그리며 몸통을 관통하여 마침내 엮음 무늬로 끝난다.

*송어를 연상시키는 생선 두 마리는 빨간색 반점을 가지고 있다.

*시위를 당기고 있는 반인 반마의 궁사는 소의 발굽과 악마의 머리를 하고 있다.

*긴 갈기와 반점을 가지고 있는 사자가 위협적인 일곱 개 이빨을 드러낸 채 아가리를 벌리고 있다. 끝이 꽃 장식으로 되어있는 꼬리는 몸통을 지나 원을 그리고 있다.

이처럼 모자이크는 다양한 동물, 우수한 디자인, 통일성이 뛰어나지만 '선'과 '악'의 대결로 집약할 수 있겠다. 그리고 우주의 4대 원소인 흙, 물, 공기, 불에 대입해 보자면 코끼리는 흙, 고양이는 공기, 생선은 물, 그리고 사자는 불을 상징한다고 한다.

스테인드글라스

아주 검소한 교회에 발을 들여 놓는 순간 제단 뒤로 스테인드글라스가 보이고, 벽에 은은하고 아름답게 반사되는 빛을 볼 수가 있는데, 사실 대혁명 때 교회가 파괴된 이후 스테인드글라스가 없이 반투명의 유리창을 통해 햇볕이 들어오는 형편이었다. 그러다가 2006년에 한국 출신의 도미니크회 수도사인 김인중 신부가 제작한 9점의 스테인드글라스가 교회를 한층 빛나게 해 주고 있다.

경내 정원

1175년에서 1220년 사이에 만들어진 정원은 개방은 하질 않고 교회 창문을 통해서 살짝 엿볼 수 있다.

도서관

10만 권을 보유하고 있고 선반이 5km나 뻗어있는 도서관은 바위를 파고 만들었기 때문에 여러 층으로 되어있고, 기온과 습기로부터 책을 보호하는 체계가 잘 갖춰져 있다고 한다.

12세기에서 18세기의 주요 서적이 9천 권에 이르며 도서관에는 아무나 들어갈 수 없다.

교회 밖

교회 입구를 나가 오른쪽으로 돌아가면 수도사들의 공동 묘지가 나오고 더 가면 길이 딱 끊긴다. 거기가 낭떠러지라 아주 위험한 곳인데 딱 한 마디 '절벽(Falaise)'이라고 쓰여 있을 뿐.

수도사의 무덤

인연

2012년 여름에 프랑스 남쪽에 있는 성모성지에서 2박을 한 적이 있다. 오백 명을 동시에 수용할 수 있는 식당을 갖추고 있을 정도니 순례객이 얼마나 많이 오는 곳인지 짐작이 될 것이다. 여기서 하루는 나랑 같은 식탁에 젊은 아가씨가 합석하게 되어, 이런 저런 얘기를 나누던 중에 우리 부부는 수도원을 주로 찾아다닌다고 했더니, 여긴 가 봤냐 저긴 가 봤냐고 물어보는데 우리가 모두 가봤다고 하니 그녀가 고심끝에 추천해 준 곳이 바로 '가나고비 수도원'이었다. 다음 해(2013년) 8월 가나고비 수도원에 4박을 예약하고, 구불구불 산길을 돌아 산 위 넓은 주차장에 도착했으나 자동차 몇 대와 키 작은 나무들밖에 없고, 수도원은 어디에 있는지 보이지도 않았다. 두리번거리다 '교회(église)'라고 쓰여 있는 표지판을 겨우 찾아냈다. 표지판을 따라 한참을 걸어가니 수도사들의 시간표가 쓰여 있는 간판이 나오고 아주 아담한 교회 입구가 보인다. 체크인은 수도사들의 스케줄에 맞춰야 하므로 우린 라벤더 향이 은은하게 퍼져가는 올리브 정원에서 한참을 기다렸다. 이윽고 안에서 '찰카닥' 하는 소리가 나더니, 검은 제복의 수도사 한 분이 웃으며 나와 우리를 맞이해 준다. 방 열쇠를 주고, 몇 가지 꼭 지켜야 할 것만 알려주면 수속이 끝나는데, 다른 수도원 숙소와 아주 다른 점은 남자들은 7시와 정오의 의식이 끝나면 수도사가 식당으로 데리고 들어가 수도사들과 같이 식사를 해야 한다는 것이다. 수도원 밥을 먹으려면 최소한 하루에 두 번은 의식에 참여하라는 뜻이겠는데, 침묵 속에 서양 수도사들 사이에서 밥이 제대로 넘어갈 지 남편이 걱정이 되었다. 나중에 들은 얘기지만, 남편은 식사가 끝나고 출입문을 찾지 못해서 이리 저리 헤매다가, 금지구역인 경내 정원에도 가고 수도사 공동묘지에도 갔다고 한다. 우리가 한국 사람인 것을 알고서, 숙소 담당인 로베르 수사님은 김인중 신부에 대해 칭찬을 아끼지 않았고, 프랑스 사람이 쓴 김 신부의 자서전을 포함하여 여섯 권(①Jean Thuillier의 Kim En Joong ②길정 화랑도록 ③시편 속 빛의 사제 ④김인중 Paris, Tokyo, Seoul 2004 ⑤Les Retrouvailles Kim En Joong ⑥샤스땅 전기)이나 갖다 주며 틈틈이 읽어 보라고 한다. 한국에서 순교한 샤스땅 신부에 관한 전기를 보니 김대건 신부의 초상화와 당시의 '천주경'이 인상적이다.

저녁 만도(complies) 때 마지막에 뿌려주는 성수를 온전하게 받아보려는 욕심에 맨 앞자리에 앉았다. 예식 도중에 왼쪽에 앉아있는 수사가 하품을 하자, 연쇄적으로 네 분이 하품을 한다. 하루에 일곱 번이나 예식에 참여하고 고된 노동하느라 얼마나 고단하면 저럴까 싶어서 마음이 짠해진다. 마르고 키가 큰 수사가 검은 망토를 입고 어둠 속에 앉아 있는 뒷모습은 그림처럼 아름다운데, 사람 마음을 울컥하게 하는 아름다움이라고나 할지.

이 수도원에서는 점심 식사 후에 숙소 앞에 서서 커피를 마시며 자유롭게 대화하는 것이 참 신선한 경험이었는데, 커피 잔은 깨지거나 유행이 지났고,

잔과 접시가 짝이 맞는 게 거의 없을 정도로 청빈한 생활 태도가 여기 저기 베어 있는 듯 했다.

열 명 남짓의 수사들이 모두 연로하신 분들이라 나중에는 수도원이 어떻게 될까 걱정했더니 로베르 수사님은 죽은 뒤를 왜 걱정하느냐고 아무렇지 않게 말씀하신다. 명쾌한 대답이긴 하나 마음이 착잡해진다. 마지막 날 커피타임에 미리 준비한 실크 누비 안경집을 한지에 싸서 드렸더니, 한지에 큰 관심을 보여서 한국에 돌아와 여러 종류의 한지를 보내드렸다. 나흘이나 묵어서 정도 많이 들었고 특히 김인중 신부와 수도원과의 특별한 인연 때문인지 우리를 각별하게 대해 주었다. 따가운 햇볕과 떠다니는 라벤더 향이 기억에 남는 수도원이다.

Info

가나고비 수도원은 Forcalquier 남서쪽 19km

Apt 북동쪽 60km

Sisteron 남쪽 33km에 있다.

주소: Le prieuré 04310 Ganagobie France

수도원 가게 개방 시간은 10h 30~12h, 14h~17h

André Kim
premier prêtre coréen, martyrisé en 1846
d'après un dessin de l'époque

222

김대건 신부 초상화

김인중 신부의 스테인드글라스

기도실

막달라 마리아 동굴 교회 입구

막달라 마리아 동굴 La Sainte Baume

🏠 막달라 마리아 동굴(La grotte de Sainte Marie Madeleine)이 있는 '라 생뜨 봄'은 프랑스 동남쪽에 있는 45,000ha의 숲인데 길이 35km, 넓이 15km, 면적이 약 500 ㎢km에 이르고 정상에 올라가 보면 자갈과 모래, 작은 나무로 덮여서 평지처럼 생겼기 때문에 많은 사람들이 긴 산책(Randonnée)을 즐기기도 하는 곳이다. 이 산을 칼로 자른 듯한 바위 옆구리에 있는 천연 동굴이 중세부터 중요한 순례지 중의 한 곳이다.

막달라 마리아 동굴

성모 승천 14년 후 절대적인 신앙으로 무장한 막달라 마리아는 박해를 피해 예수의 몇몇 제자들과 함께 베타니를 떠나 마르세이유를 거쳐 생뜨 마리드 라 메르에 도착하여, 명상에 정진하려고 위본느(Huveaune)강을 따라서 거슬러 올라가다 이 동굴에 이른다.

동굴 입구는 북서쪽을 향하고 있는데, 그것은 햇빛을 최소한으로 들어오게 하기 위한 것이었고, 습한 동굴 속에서 풀뿌리와 빗물로 30여 년을 지냈다고 한다.

절대 고독 속에서 기도에 열중할 때 하루에 일곱 번씩 천사들이 나타나 무한한 황홀감을 느꼈다고 하며, 죽은 후에 시신은 생 막시맹의 성당에 묻혔다.

로자리오를 상징하는 150개의 계단을 올라가야 하는 동굴은 1,000명까지 수용할 수 있고, 막달라 마리아의 경골(정강이 뼈)이 유골함에 모셔져 있다.

동굴의 변천사

기독교가 전파되기 전에도 라 생뜨 봄은 마르세이유 사람들에게 '성스러운 산'으로 알려져 있었다. 60년 경에 뤼껭(Lucain: 39년 11월 3일 코르도바에서 태어나 65년 4월 30일, 25살에 로마에서 네로의 명령으로 자살한 역사학자 · 시인 · 저술가로 세네카의 조카임)도 마르세이유 근방에 '신성한 숲'이 있다고 언급한 바 있다.

이 동굴은 유명한 기독교인의 순례지가 되어 저명한 사람들도 수없이 들르는 곳이 되었다. 1254년에는 십자군 원정에서 돌아오던 성 루이 왕이 방문했고, 1279년에는 샤를르 2세가 베네딕토 수도원 밑에 매몰된 지하묘지에서 성녀의 유해를 발굴하게 되는데, 대리석 무덤은 성녀의 것으로 확인되었고 8세기 초에 사라센의 무자비한 침략으로부터 유해를 보호하기 위해 일부러 묻었다는 것을 설명해주는 양피지 두루마리도 나왔다. 샤를르 2세는 6년 동안 유해를 바르셀로나에 보관하다가, 1288년에 유해를 안치할 생 막시맹 성당을 짓고 드디어 1295년 성당과 라 생뜨 봄의 동굴 관리를 도미니크회 수도사들에게 맡기게 된다. 1440년에는 화재로 인해서 동굴의 건물이 무너지는 아픔을 겪게 되는데, 1516년 프랑스와 1세는 마리냥 전투에서 승리

막달라 마리아의 유해

피에타

하고 돌아오던 길에 감사의 표시로 어머니 루이즈 드 사브와, 아내 끌로드
와 함께 동굴에 들렀다가, 동굴 보수와 '프랑스와 1세의 문', 그리고 왕을 위
한 방을 만들 자금을 넉넉히 하사했다. 1533년에도 둘째 아들과 메디치가의
카트린느 결혼식을 마르세이유에서 치른 후 또 다시 동굴을 방문한다. 1586
년과 1592년에 동굴이 약탈당하여 또 다시 큰 슬픔에 빠진다. 1660년에는
루이 14세가 오스트리아의 안느(1601.9.22~1666.1.20: 루이 13세의 아내이자 루이 14세의 어
머니) 그리고 마자랭(1602.7.14~1661.3.9: 추기경·외교관·정치가)과 함께 성지를 방문했
다. 그러나 대혁명과 제 1제정을 겪으면서 성지도 몹시 위태롭게 되고 순례
객의 발길도 뜸해져 도미니크회 수사들이 동굴을 떠났다.

　　1791년 국가재산으로 팔렸던 도미니크 수도회를 알베르타스 후작(1747.
5.24~1829.9.3)이 샀으나 1793년 동굴 내부와 인근에 있던 호텔도 파괴되고 만
다. 다행인 것은 생 막시맹의 여관집 딸이 혁명당원의 횡포로부터 바실리
크와 숲을 지켜냈다는 점이다. 1859년에는 유명한 선교자인 앙리 도미니끄
신부가 생 막시맹의 수도원을 되찾고 라 생뜨 봄의 벌판에 호텔을 지어 순

레자들이 묵을 수 있도록 했으며, 1865년에는 도미니크회 수사인 쟝 조셉이 '베타니'라는 수도회를 창설하고 감옥에서 나온 여자들을 수용하게 된다. 1889년 막달라 마리아의 정강이 뼈(Tibia)와 머리카락이 리옹의 유명한 세공사 아르망 까이아가 만든 함에 넣어져 동굴 안에 안치되었다.

1914년 성소가 다시 열리게 된 100주년 기념으로 150계단이 정비되고 1932년에는 개종한 유대인 마르뜨 스피처(Marthe Spitzer)가 만든 피에타 상이 동굴 앞 뜰에 세워진다. 1948년에는 르 꼬르뷔지에가 라 생뜨 봄에 지하 바실리크를 지을 계획을 세웠으나 실현되지 못하고 아름다운 공상으로 끝나고 말았다. 2002년에 4명의 도미니크회 수도사가 동굴에 거주하게 되고, 2008년부터는 순례자를 위한 호텔도 수도사들이 관리하면서 오늘에 이르고 있다.

동굴 가는 길

순례자 호텔에서 절벽에 있는 성지가 빤히 보이는데도 걸어서 50분 정도 걸리므로, 특히 여름에는 여유 있게 출발하는 것이 좋다.

정상까지 산행을 할 생각이 있을 때는 미리 호텔에 부탁하면 도시락을 준비해 준다.(2012년 당시 8유로)

호텔을 나와서 밭 사이를 얼마쯤 가다보면 숲에 들어서게 된다. 너도밤나무가 빽빽한 숲을 걷다보면 아름드리 나무가 쓰러져 길을 막고 있는데도 치우질 않고 모두 나무를 넘어서 지나다닌다. 하도 궁금해서 왜 치우질 않느냐고 물었더니, 벌레와 박테리아가 충분히 파먹은 후 저절로 흙이 될 때까지 내버려두는 게 자연의 순환이 아니겠냐고 한다. 산길은 완만하고 산책하

막달라 마리아 동굴 안내판

기 좋게 닦여 있어서 나이 든 사람도 어렵지 않게 오를 수 있다. 옛날에 왕들이 순례를 많이 왔으니 마차 길을 만들었을 것이고, 실제로 '왕의 길(Chemin des Rois)'이라는 표지가 붙어있다.

동굴 속은 한 여름에도 으스스 춥게 느껴지므로 여벌의 옷을 준비하는 게 좋다. 그리고 체력이 허락하면 산에도 올라가 보면 좋다. 산에 오르는건 그다지 어렵지 않아서 '공갈 젖꼭지'를 입에 물고 스스로 걸어 올라가는 아기도 보았다. 정상에 오르면 평평한 고원이 펼쳐지는데 해발 1,000m에 성 삐옹 샤뻴과 방향판(table d'orientation)이 있다.

동굴 교회

교회 입구 위에는 많이 훼손되긴 했지만, 돌에 새긴 백합꽃이 있는데 이것은 프랑스 왕실의 문장으로 왕들이 이 성지에 많이 방문했다는 증거이다. 교회 정면을 제외하고 바닥·천장 그리고 삼면이 바위로 되어있는 교회에 들어가면 우선 축축하고 서늘한 기운이 전신을 감싼다. 우리가 한 여름에 갔는데도 모두 겨울 점퍼를 입고 있고, 우리 부부만 여름옷을 입고 있으니 '무식하면 용감하다'는 말이 실감이 났다. 이런 동굴 속에서 30년을 살았던 막달레나 성녀는 '신앙으로 무장했다'는 말이 무색하지 않은 것 같다. 동굴 안에는 성녀의 유해를 모셔놓은 보석함과 삐에르 쁘띠가 제작한 스테인드글라스(*막달레나의 회심: la conversion de Marie Madeleine *베타니에서의 식사: le repas de Béthanie *나자로의 부활: la résurrection de Lazare *베타니에서 기름붓기: L'onction à Béthanie *십자가: la Croix *예수의 부활: la Résurrection), 눈병을 고치는 효험이 있다고 하는 '시도니우스의 샘'이 있다. 아기를 안고 있는 마리아 상(17세기)은 대혁명 때 쁠랑 둡스의 주민 여덟 명이 몸으로 막아 혁명군으로 부터 모욕당하는 것을 모면했다고 하며, 바위에 기대어 있는 막달레나 동상은 순례객들이 자꾸 돌을 뜯어가서 접근하지 못하게 철망을 쳐 놓았다.

고생 끝에…

2012년 8월에 이 성지에 가기 위해 생뜨 봄 호텔에 2박을 예약하고 보증금까지 지불했다.

내비에 주소를 치고 뜨거운 햇살을 앞에 안고서 달려가는데, 허허벌판 한 가운데서 목적지에 다 왔다는 멘트가 나왔다. 인적이 드문 곳이라 일단 물어볼 사람을 찾아 아무 동네나 들어가, 이 골목 저 골목을 헤맨 끝에 마침 빨래를 널고 있는 여인에게 물으니 가던 길을 계속 달려가라고 일러준다. 한참을 달리다보니 정말 기적처럼 호텔이 우릴 기다리고 있다. 체크인 시간까지 한참을 기다려 방을 배정받았다. 동굴이 그대로 보이는 전망이 훌륭한 방

은 침대 시트도 고급스럽고 정갈했다. 주로 은퇴자나 순례객들이 묵는 호텔
이라 식사 시간에 엄숙할 줄 알았는데 어찌나 오랫동안 수다를 떠는지 마치
종달새가 지저귀는 것 같다. 우리는 이 숙소에서 자키와 앙드레 부부를 만나
동굴 미사도 같이하고, 산 정상까지 산책도 하고 헤어졌는데, 2013년 여름에
는 그들이 살고 있는 프로방스의 집까지 방문하게 되었다. 호텔 마당에서 살
짝 봤던 그들의 자동차가 너무 낡아 보여서 가난한 부부라고 생각했었는데,
산꼭대기에 수백 평이 넘는 정원을 갖춘 저택에 살고 있었다.

Info

*호텔 운영 시간: 9h~11h 15, 12h 30~12h 45, 15h~17h 45, 19h~19h 15

*식사 시간: 아침 8h 30, 점심 12h 45, 저녁 19h 15

*동굴 미사 시간 Messe:11h

Vêpres(만도):16h 30

*호텔 주소: 80 route de Nans 83640 Plan-d'Aups-Sainte-Baume, France

*Sainte Baume은 Saintes-Maries-de-la-Mer 동쪽 20km

Marseille 북동쪽 44km

Toulon 북서쪽 60km

Aix-en-Provence 동남 쪽 44km에 있다.

골고다 재현

동굴이 있는 바위 산

구르동 성 뱅상 샤뻴 입구

아름다운 구르동에
성 뱅상 샤뻴 chapelle Saint Vincent, Gourdon

알프마리팀(Alpes-Maritimes)에 있는 구르동은 인구가 380명 정도이고 '가장 아름다운 마을'로 지정되어 있는데, 해발 1,340m의 산꼭대기에 자리 잡고 있는 난공불락의 천연 요새라고 할 수 있다. 지금은 이 마을로 가는 자동차 길이 뚫려 있어서 접근하기가 쉬워진 편이지만, 이런 혜택을 누리게 되기까지는 엄청난 희생이 있었다고 한다. 1907년 11월 22일, 도로 공사 중에 바위가 떨어져 인부 17명이 사망하는 일이 생기자, 모든 장비를 짐승 등에 실어 노새 길을 통해 운반하여 공사를 마무리했다.

성 밖에 있는 주차장에 차를 세우고 성문을 통해 역사 깊은 마을로 들어가, 예쁘고 아기자기하게 꾸며진 가게들을 지나 끝까지 가면 빅토리아 여왕 광장이 나온다. 광장에는 제법 큰 나무도 여러 그루 있어서 느긋하게 쉬면서 산 아래 풍경을 감상하기 좋다. 산 밑 마을에서부터 걸어 올라올 수 있는 구불구불한 길도 보이고, 1944년 8월 24일 독일군에 의해 폭파되어 철로는 없고 육중한 기둥 몇 개만 남아있는 교각이 전쟁의 상처를 그대로 보여준다.

성 뱅상 샤뻴 La chapelle Saint Vincent

11세기에 지은 로마네스크 양식의 교회로 출입문 위에 나무로 깎은 작은 십자가가 조촐하기만 하다.

안으로 들어가 보면 회중석은 하나로 되어 있고 스테인드글라스는 단순하면서도 아름답다. 뒤쪽에는 나무로 깎은 성모상이 있고, 특이한 것은 제단 위에 성모상이 있고 성 스테파노(Saint Étienne)와 이 마을의 수호성인인 성 뱅상(Saint Vincent)의 상이 양쪽에 놓여 있다. 또 한 가지 특이한 것은 성당에 '십자가의 길' 조각이 없고 그림이 붙어 있는데, 1998년 이 마을 축제에서 위베르 다이앙(Hubert Dayan)이란 사람이 그린 작품이다. 회중석 왼쪽에는 12세기에 금으로 도금하여 제작한 성 뱅상의 조각상이 놓여 있다.

이 작은 교회는 사연도 많은데, 1831년 10월 미사 중에 벼락이 떨어져 4명이 죽고 5명이 부상을 당했으며, 1946년 4월에는 종탑에 번개가 쳐서 막대한 피해를 봤기 때문에 그 이후에는 무너질까봐 접근하지 못하게 하고 있다. 그래서인지 교회 후진에는 머리가 8개 달린 괴기스러운 짐승의 조각이 있다.

천국의 길 chemin du paradis

옛날에 노새가 다니던 길로 인근 마을인 바르 쉬르 루에서 구르동까지 올라가는 울퉁불퉁한 500m 산길을 말한다.

성 뽕스 샤뻴 la petite chapelle Saint Pons

마을 입구에 있는 주차장 한 구석에 아주 작은 기와집이 있는데 그냥 지나치면 후회할 것이다.

| '십자가의 길' 그림 | 성 뽕스 샤뻴 |

이 보잘 것 없는 건물은 마치 마구간이나 곳간 정도로 생각하기 쉬운데 두 평정도 되는 작은 샤뻴이다. 다양한 지중해 식물들이 자라고 있는 정원까지 갖춘 12세기에 지은 예쁜 샤뻴로 아주 단순하지만 제단과 십자가를 제대로 갖추고 있는데 쇠창살 사이로 내부를 볼 수 있다.

뽕스는 누구?

뽕스(Pons)성인은 3세기 로마인으로 아버지는 원로원 의원이며 로마 총독이었는데, 그는 훌륭한 선생님들한테 교육을 받아서 어린 나이에 이미 학식이 높았다. 어느 날 교회 앞을 지나가다가 성가를 듣고 기독교 신자가 되고 싶은 마음이 생겼다. 아버지가 죽은 후, 아버지 뒤를 이어야 했지만 황제의 마음을 움직여서 관직과 모든 재산을 포기했다. 박해를 피해 로마에서 벗어 나고자 처음에는 니스에서 전교하다 더 산중인 이 지방까지 오게 되고 257 년 시미에(Cimiez: 니스의 한 동네)에서 순교했다. 프로방스 지방의 신앙을 구축하는데 있어서 사도들의 임무를 기억하고자 하여 이 작은 교회를 지은 것이라고 한다. 성인의 축일은 5월 14일이다.

뽕스는 우리가 알고 있는 본시오의 불어 이름이다. 대학교 2학년 불어 회화 첫 시간에 검은 양복을 입고 우울한 표정을 한 덩치 큰 남자가 교실에 들어왔다. 앞으로도 계속 안 웃을 것 같은 그의 모습에 우리는 상당히 실망을 했던 것 같다. 칠판에 큼지막하게 자기 이름을 썼는데 바로 "Pons!" 불어의 끝 자음은 발음 안 하는게 많다고 배웠기 때문에 '뽕!' 하고 읽고나니 폭소가 터질 수밖에. 그 분 이름도 뽕스였다.

정보

구르동(Gourdon)은 그라스(Grasse) 북동쪽 14km, 방스(Vence) 서쪽 28km, 칸(Cannes) 북쪽 28km에 있는 산골 마을로 지도에는 나오지 않는다.

우리는 아름다운 구르동에 묵으면서 주변 마을을 샅샅이 구경하려고 숙소를 5일이나 예약했다. 그러나 첫 날, 숙소를 찾아가는 길이 너무 험해서 경치고 뭐고 '고생문이 활짝 열렸구나' 하며 후회했다. 고생 고생해서 찾아간 숙소의 마을은 전혀 아름답지도 않아서 당혹스럽기만 했다. 저택은 넓고 수영장까지 있었지만 수영복이 없는 우리에게는 그저 그림의 떡일 뿐이었다. 지도를 놓고 우리가 가고자하는 지역의 중간 지점을 고른 것인데, 진출입이 어려울 것 같아 걱정이 태산이었다.

며칠이 지나고서야 진짜 구르동은 산 위에 있다는 걸 알고서 차를 끌고 길을 나섰다. 내비에 14km라고 나오니 그리 멀지는 않겠구나 생각했지만, 시간은 꽤 걸려 산 위 마을인 구르동에 도착했다. 아래를 내려다보니 우리가 묵고 있는 숙소가 바로 밑에 보인다. 걸어서 올라 올 수 있는 길을 돌고 돌아온 셈이다.

　마을을 구경하고 나서 점심은 숙소에 가서 우리 식으로 편하게 먹을 계획을 하고 내비에 숙소 주소를 넣으니 신기하게도 아침에 온 길과는 정 반대 방향으로 가라고 한다. 지름길이 있나보다 생각하고 신나게 달리는데, 길이 편해서 콧노래까지 나온다. 한참을 가니 '공사중'이란 간판이 서 있다. 그냥 뒤 돌아서 아침에 왔던 길로 갔더라면 고생을 덜했을 텐데, 원래는 20km도 안 되는 거리를 돌고 막히면 또 돌고 100km도 넘게 헤맨 후 파김치가 되어 숙소에 도착해보니, 부엌 바닥이 물바다가 되어 있었다. 여주인에게 말하니 아주 의아해하면서 지금까지 아무도 그런 말을 한 적이 없는데 이상하단다. 다른 사람들이야 하루 정도 묵고 떠나니까 물이 새도 귀찮아서 말을 안 했겠지만, 우리는 닷새나 묵으니 당연히 주인이 알아야 한다고 생각했을 뿐이다. 그런데 마치 내가 일부러 파이프를 비틀어 놓기라도 한 것처럼 말을 하니 기분이 금방 나빠져서 화가 나려고까지 했다. 때마침 퇴근한 아저씨가 불편하게 해서 미안하다고 한마디 해주니 또 금방 마음이 풀어져 버렸다.

　그때는 숙소를 잘못 골랐다고 생각했는데 지금 생각하니 잘 골랐던 것 같다. 산 위에 숙소가 있었다면 날마다 산을 올라갔다 내려갔다하느라 얼마나 힘들었겠는가?

4세기 교회 입구

4세기 교회 la chapelle de la Gayolle

🏛 볼렌느에서 구르동으로 가는 길에 라 쎌(La Celle)에 있는 수도원을 보고 가려고 라 쎌에 도착해보니, 교회에서는 한창 미사가 진행 중이고 수도원은 10시 반에 개방한다고 쓰여 있는데 카페도 문 열기 전이라 라 가이올에 별 기대없이 가게 되었다. 동네 아주머니는 3~4km라고 했는데 8km 정도 되는 거리였다. 라 가이올(La Gayolle)이라는 작은 표지판을 보고 들어가니, 넓은 공터에 여러 그루의 커다란 플라타나스가 있고 길이 끊어졌다. 어리둥절해 있는 사이에 젊은 부인이 나오길래 샤뻴이 어디 있느냐고 물었더니, 약속을 잡고 왔느냐고 하면서 아주 난감하게 분위기를 끌고 간다. 가족 미사가 있어서 구경할 수 없다고 하면서… 우리도 신자니까 함께 미사를 해도 되겠느냐고 했더니 "원한다면"이라고 짧게 대답한다. 미사 시작하려면 시간이 좀 남아 미리 구경하며 사진이나 찍을까 해서 아무리 둘러봐도 교회처럼 생긴 것이 보이질 않는다. 그런데 오른쪽에 아치문이 열려있다. 혹시나 해서 가는데 남편은 별 것 아닌 것 같으니 그냥 돌아가잔다. 안에 들어가 보니 이건 영락없는 교회인데 바닥은 맨흙에 제단도 없고, 십자가도 없다. 그냥 돌을 꿰 맞춰 지은 것으로 아주 오래됐을 것 같다. 먼지가 풀풀나는 방석을 깔고 있

온전하게 남은 아름다운 후진

던 할머니가 자랑스럽게 설명하는데, 교회 터는 4세기 것이고 돌무덤은 2세기 것이라고 한다. 아마도 유럽에서 가장 오래된 교회 중의 하나일 것이다.

이 교회는 개인 소유이기 때문에 방문하려면 주인의 허락을 받아야 한다. 제일 좋은 것은 일요일 미사에 맞춰가서 같이 미사를 하는 것이다. 주인의 말로는 아프리카 출신의 신부가 와서 주일 미사를 집전한다는데, 그날은 그 신부가 휴가를 가서 주인 아저씨가 미사를 집전했다. 제단이 없으니 테이블에 보자기를 깔아 그 위에 십자가를 놓고, 밀떡 대신에 평소에 먹는 빵을 작게 뜯어서 먹여주고, 장원에서 생산되는 포도주를 한 모금씩 먹여주는 신기한 미사를 같이 했다. 끝나고 나서는 집안의 어른이 뭔가 좋은 말씀을 하는데, 사실 무슨 내용인지는 알 수 없었다. 아무튼 이런 조촐하고 가족적인 미사를 어디서 또 다시 할 수 있겠는가?

'La Gayolle'이라는 말은 'Gaïsola'에서 왔는데 '작은 교회' 라는 뜻이라 하니 교회가 마을보다 먼저 있었다는 말이겠다. 이 지역은 아주 오래되었는데, 로마 시대의 유물이 많이 발굴되었고, 많은 돌무덤이 그 증거인데 그중에 하나는 이 집 우물의 분수대로 쓰이고 있고, 다른 하나는 박물관에 있는

미사를 마치고

데 모두 2세기 것이라고 한다. 이것들은 그리스도 교인의 무덤 중 가장 오래
된 것이고 관의 외부에 어부, 닻, 선한 목자, 예배하는 여자 그리고 철학자
가 조각되어 있다. 교회의 왼쪽 날개 안에 지금도 돌무덤의 흔적이 남아있
고, 기둥 옆에는 9세기에 새겨 놓은 기독교인의 모노그램이 선명하게 보인
다. 교회는 오랫동안 헛간으로 쓰였기 때문에 보존 상태가 그리 좋은 편은
아니지만, 교회를 나와 뒤쪽으로 돌아가 보면, 아름다운 후진이 그대로 남아
있어 감동적이다. 마당에는 돌무덤들도 여러 개가 있는데 최근에도 갈로-로
맹 시대의 유물이 발굴되었다고 한다.

Info

La Gayolle는 Saint Maximin-la Sainte Baume 동남쪽 14km

　　　　　　　Brignoles 서쪽 9km

　　　　　　　Toulon 북쪽 44km

　　　　　　　Tourves 동쪽 5km에 있다.

일요일 미사는 11시 반에 있다.

멀리 보이는 교회

바위 위에
우뚝 서 있는 ____ chapelle Notre-Dame du Roc, Castellane

우리가 묵고 있던 구르동에서 까스텔란까지는 72km 밖에 되지 않지만 생각만큼 쉬운 길은 아니다. 꼬불꼬불한 길로 어렵사리 그라스를 벗어나면 '나폴레옹 길(Route de Napoléon)'이라고 불리는 제법 잘 닦아놓은 길에 접어든다. 그렇다고 해서 방심하면 안 되는 것이 해발 1,000m가 넘는 산길을 등성이를 타고 휘돌아 겨우 평지에 내려왔나 싶으면, 또 다른 산을 똑같은 방식으로 산허리를 휘감고 1,000m 이상을 올라갔다 내려갔다를 몇 번이나 반복해야 한다. 나폴레옹은 이 길을 말을 타고 걸으면서 개척했고 우리는 자동차를 타고 가면서도 불평하는 것이 미안하긴 하지만, 산 위에서 저 밑에 있는 마을을 내려다보면 간이 오그라드는 느낌을 어쩔 수가 없다.

까스텔란은 해발 1,000m 되는 곳에 위치한 마을로 1,500명 정도가 살고 있다. 옆으로는 풍부한 물과 다양한 풍광을 자랑하는 '베르동 협곡(les gorges du Verdon)'이 흘러가기 때문에 시내에는 수상 스포츠 가게가 아주 많고, 한 여름에도 가을 같은 날씨를 누릴 수 있는 곳이다. 우리가 갔던 7월에도 날씨가 어찌나 춥던지 주차장까지 가서 패딩을 꺼내 입고 마을 구경에 나설 정도였다.

샤뻴 가는 길

바위 산 꼭대기에 서 있는 샤뻴(chapelle du Roc: 바위 샤뻴)은 마을에 들어갈 때 아주 멀리서부터 보인다.

시내로 들어가 여행 안내소를 지나면 오른쪽에 'chapelle N·D du Roc'이란 표지판이 나온다. 45분 걸린다고 쓰여 있는데 올라가기에 어려운 길은 아니다. 성벽을 따라 오솔길이 잘 닦여있으니 그늘진 길을 산책하듯이 천천히 걸으면 된다. 두 개의 기도소(St Joseph과 St Martin)가 나오면, 길에 약간의 경사가 생기면서 쉬엄쉬엄 가라고 1868년에 지그재그로 세워 놓은 '십자가의 길'을 만나게 된다. 오랜 세월을 비, 바람, 천둥, 번개와 맞서느라 대리석은 쪼개지고 십자가는 비뚤어졌는데, 그 자체로 조촐하고 아름답다. 바위 산 꼭대기는 평평하고, 마을을 내려다보고 있는 작은 샤뻴 만이 세월을 고스란히 견뎌내고 있다.

성모 마리아 바위 샤뻴 chapelle Notre-Dame du Roc

9세기부터 짓고 부서지고 또 짓고를 반복하다가, 19세기에 지금의 모습을 갖춘 샤뻴로, 까스텔란 주민들은 중세부터 성모를 이 도시의 수호자로 정하고 교회를 봉헌했다. 911m 바위 산 정상에 있는 이 샤뻴은 도시의 상징이자 순례지이며, 지금은 연 오만 명 이상이 방문하고 1월 1일과 8월 15일에 미사를 하고 있다. 정면의 출입문은 별다른 장식 없이 단순하고 종위에 있는 성모상이 아래 마을을 내려다보고 있다. 외벽만이 12세기 모습대로이고 나머지는 종교 전쟁 때 파괴되어 1590년에 다시 지었는데 1703년에 다시 훼손되어 1860년에 재건하여 오늘에 이르고 있다.

1835년 천연두를 몰아내고 감사 행진하는 모습

'촛불을 한 개 켜는 일이 이 아름다운 교회를 유지하는 데 도움이 됩니다'라고 쓰여 있는 문으로 들어가면 벽에 수많은(150개) 감사의 봉헌물이 붙어 있는데, 자세히 보면 사연도 정말 다양하다. '포로 생활에서 무사히 돌아온 후(1945.5.2)', '도시 전체가 천연두로부터 구제받은 걸 감사하는 큰 그림(1835년)', '임신을 기뻐하는(1980.8)', '난파선에서 살아남아' 등등이 있고 결혼식 부케도 21개나 있다. 특히 십자가, 창, 망치, 집게, 주사위, 채찍 그리고 베드로의 '부정'의 상징인 수탉 등 예수 수난의 도구를 담아놓은 유리병도 있다.

바위 다리 le pont du Roc

로마인들이 나무로 만들었던 다리가 부서져 812년에 그 자리에 돌로 다시 만든 후 11세기까지 있었던 것을, 1262년에 생 루이 왕의 동생인 샤를르 당쥬(Charles d'Anjou)가 부셔 버렸다. 다시 재건 할 돈을 모으기 위해서 루이 당쥬의 어머니인 마리는 자신의 영지에서 들어오는 수입을 2년간이나 포기한다는 문서를 공식적으로 작성하고, 기금을 더 마련하기 위해 비합법적으로 선출된 교황 베네딕토 13세를 설득하여 1399년에 '면죄부 판매'에 동의하도록 하는 한편 주민들도 후원금을 내기로 결의한다. 공사 물품이 도난 당할까봐 저녁부터 새벽까지 보초를 세워 공사를 무사히 끝냈다하니 주민들의 열정이 대단했음을 알 수 있다. 그렇게 영주와 주민이 힘을 모아 다리를 완성해 놨더니 1586년에 위그노 군대가 이 다리를 통해 밀고 들어와, 마을과 산 위의 샤뻴에 막대한 피해를 입혔으니 역사의 아이러니라고 밖에 할 수 없다.

그런가하면 1815년 3월 3일에는 엘바 섬에 귀향 갔던 나폴레옹이 이 다리를 건너 파리에 입성했다. 또한 1944년에는 후퇴하던 독일군이 이 다리를 건너지 못하게 레지스탕스가 막았다는 얘기도 자랑스럽게 전해져 내려오고 있다. 그러니 이 다리는 역사의 현장을 지켜본 장본인이라 할 수 있겠다.

이 마을은 단지 천주교 신자들만 좋아하는 것이 아니고, 옆에 강도 있고 높은 산도 있어서 스포츠를 즐기는 사람들도 많이 찾는 곳이다.

Info

Castellane은 Moustiers-Sainte-Marie 동쪽 46km

Digne-les-Bains 동남쪽 52km

Grasse 북서쪽 63km에 있다

교회 내부

십자가의 길

교회에서 내려다본 마을

대 야고보 교회 정면

못 볼 뻔한 '죽음의 무도': Le Bar-sur-Loup의 대 야고보 교회

인구 2,900여 명이 살고 있는 산중 마을 르 바르 쉬르 루의 '대 야고보 교회(Église Saint-Jacques-Le-Majeur)'에 '죽음의 무도' 프레스코화가 있다고 해서 7월 19일(목)에 교회 앞까지 아주 쉽게 찾아가, 주차도 깔끔하게 해 놓고 나니 기분이 썩 좋아 발걸음도 가볍게 교회 정문으로 갔다. 그런데 이게 무슨 일이람? 문에 <예외적으로> 오늘 문을 열지 않는다고 써 붙여 놨다. 내일은 구르동을 떠나서 이탈리아로 넘어가야 하는데 어떡하나? 몹시 상심해서 하늘이 무너지는 것 같은데, 내일 다시 와서 보고 이탈리아로 가자고 합의를 하고 나니, 만사를 너무 힘들게 생각할 필요가 없다는 생각이 든다.

그 다음 날 일찍 다시 이 교회에 와서 달혀있는 대문을 자세히 보니 화~목은 10시 30분, 토요일은 10시 30분, 2시 30분~18시, 일요일은 15시 30분~18시 이렇게 쓰여 있다. 그렇다면 금요일은 문을 열지 않는다고? 어제 이것을 봤더라면 오늘 다시 오지 않았을 텐데 이 무슨 낭패란 말인가? 간혹 월요일에 문을 닫는 교회가 있긴 하지만 금요일에 열지 않는 것도 그렇고, 두 번이나 왔는데 보지도 못하고 프랑스를 떠나야한다는 게 섭섭하기 짝이 없다. 미련이 남아서 떠나지도 못하고 문 앞에서 서성이는데 저 앞에서 두 부인이 꽃을 한 아름 안고서 신나게 대화를 나누는 게 보여서 용기를 내 "오늘 교회 안 여는 날이 맞아요?" 하고 물어봤다. 그랬더니 '수리나 보전을 위해' 안 여는 날이지만 우리를 위해 잠깐 열어 주겠단다. 이 너그러운 부인들이 아니었으면 어떻게 교회 안을 구경 할 수 있었을까?

대 야고보 교회

이 교회는 12세기에 로마네스크 양식으로 지어졌고, 종탑은 심플한 고딕 양식을 하고 있다. 여기서 꼭 봐야할 것들은:

*문은 15세기 방스(Vence)의 유명한 조각가인 자코땡 벨로의 작품으로 정교한 아름다움을 자랑하고 있으니, 교회 안으로 들어가기 전에 밖에서 봐야 한다.

*장식 병풍은 16세기 니스 출신 화가인 브레아의 작품으로, 제단 뒤 벽을 장식하는 병풍인데 '아기 예수를 안은 성모', '성 야고보', '복음사가', '베드로와 바오로', '막달라 마리아', '아씨시의 프란치스코 성인' 등이 그려져 있는 대작이다.

*홍예 머릿돌은 천장에 있는 그림으로 '희망', '자비', '신앙'을 상징한다.

*죽음의 무도는 15세기의 알 수 없는 화가의 작품으로 나무에 그린 그림인데, 즐겁게 웃으며 춤추는 사람도 머릿속에는 죄가 가득 차 있으며 곧 죽을 거라는 내용으로, 아래쪽에는 드라마틱한 장면을 설명하는 33행의 라틴어

대문의 정교한 조각

장식 병풍

홍예 머릿돌

로 된 시가 있고 그것을 프랑스어로 번역한 것을 옆에 붙여 놨다.

완벽하진 않지만 내용을 조심스럽게 옮겨본다.

오 그대 불쌍한 죄인들아
잊지 말지어다
죽고 나면 곧 후회하리니
그런데도 너희들은 미친 듯이 춤을 추고
뽐내면서 또 다른 죄를 짓는구나
오 죽음의 짐을 지고 있는 너희들
언제라도 이것이 큰 죄라는 것을 의심치 마라.
너희들이 변하기만을 몹시 기다리면서
너희를 보호하고 계시는 위대한 왕이신 예수여.
만일 너희가 아무런 희망 없이 죽는다면
거기엔 분명한 시간도
거처할 곳도 없다는 사실을 기억하라.
(……)
만일 너희가 냉혹한 죽음 후에 하느님이 벌하실
무서운 징벌을 이해한다면
처량한 너희 영혼이 이러지도 저러지도 못하는
난감한 지경에 이를 것이다.
너희의 가엾은 마음과 불룩한 배 속은 공포로 가득차고
날마다 죽음을 향해 나갈지니
만일 죽음이 갑작스럽게 닥치게 되면
너희는 엄청난 절망 속에 떨어질 것이다.
그런데도 너희들은 끝없는 거품이라 불리는
끔찍한 춤을 출 것이다.
울면서, 소리 지르면서, 하느님을

죽음의 무도

큰 소리로 모독하면서.
그러니 이러한 위험으로부터 도망쳐라.
왜냐하면 너희가 한번 그런 춤에 빠지면
곧 아무짝에도 쓸모없는 짓을 한 걸 후회하게 될지니.
나는 우리 주님이 너희에게
선을 행할 힘을 주시라고 기도하노라
지옥의 왕자가 하소연하듯.
너희는 항상 하느님을 찬미하라
아멘.

죽음의 무도는 하늘이 내리는 벌을 그린 것으로 궁수가 화살로 춤추는 이들을 죽이고, 벌거벗은 사람의 입에서 나온 영혼의 무게를 그리스도 발 밑에 있는 성 미카엘이 잰 다음, 지옥의 입구를 상징하는 괴물의 아가리 속으로 내던져 버린다는 내용이다.

죽음의 무도는 전쟁과 기근, 페스트가 만연 했던 중세 유럽에서 많이 다뤘던 주제로 죽은 자와 산 자, 주교와 농부가 같이 춤을 춤으로써 죽음이란 아무도 피해 갈 수 없다는 것을 보여주는 그림이다.

*장례용 석판은 교회 밖으로 다시 나와, 골목을 조금 내려가면 종탑 아래쪽에 돌이 하나 박혀 있다. 로마 시대의 무덤에서 나온 묘석으로 글씨가 쓰여 있는 네모난 돌이다.

교회를 열지 않는 날에 고맙게도 두 시간이나 일찍 우리 둘만을 위해 문을 열어주신 두 할머니께 두 손 모아 몇 번이나 절을 했는지 모른다. 이 동네 자체가 너무 산중이고 운전하기 위험한 동네인데, 언제 여기까지 다시 와서 '죽음의 무도'를 보겠는가?

우리는 고마운 마음을 '촛불 밝히기'로 대신하고 이탈리아로 떠났다.

Info

Le Bar-sur-Loup는 Gourdon(06620) 동남쪽 12km

Grasse 북동쪽 10km

Vence 서쪽 14km에 있다.

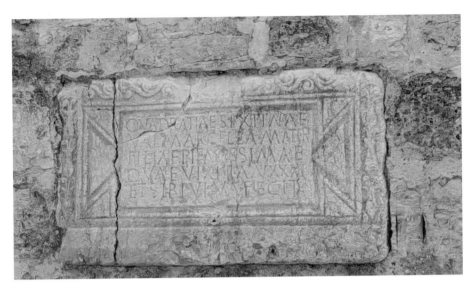

장례용 석판

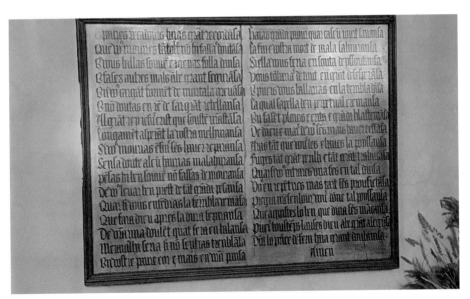

라틴어로 된 시

오바진 수도원 교회 정면

샤넬의 로고로 쓰인
수도원 창 Aubazine

오바진은 인구 900명 정도가 사는 마을인데, 사람들이 많이 모여드는 이유는 물론 12세기에 지은 수도원과 교회를 보고 싶기도 하겠지만, 아마도 '코코 샤넬(Coco Chanel: 1883.8.19~1971.1.10)'에 대한 호기심과 측은지심 때문이 아닐까 하고 조심스럽게 생각해 본다. 1895년에 12살 먹은 가브리엘 샤넬은 두 여동생과 함께 여기 수도원 옥탑방에 맡겨진다. 샤넬의 본명은 가브리엘 보뇌르 샤넬(Gabrielle Bonheur Chanel)이라고 하는데 가운데 이름에 '행복(Bonheur)'이란 단어가 들어가 있는걸 보니, 행복을 추구하는 건 모든 사람에게 공통된 바램인가 보다. 수도원에서 6년간 엄하고 가혹한 생활을 한 후, 노트르담 드 물랭(Notre-Dame de Moulins) 교육원의 부인들에게 맡겨져 거기서 대수롭지 않은 바느질을 배운 것이 훗날 고급 여성복을 만드는 밑거름이 됐다고 한다. 수도원의 무채색인 검정과 흰색, 벽의 색인 베이지를 사용하여 그녀의 로고가 (⨯) 탄생했다고 하기도 하고, 수도원 교회의 스테인드글라스 문양에서 차용한 것이라고도 한다. 샤넬 액세서리에서 많이 볼 수 있는 "별" 모양은

프랑스에서 가장 오래된 12세기 장 　　　샤넬의 로고가 되었다는 유리창 무늬

수녀원 숙소의 복도에 있는 돌로 된 모자이크에서 영감을 받았다고 하니, 힘들었던 유년 시절이 큰 자산이 된 셈이다.

오바진에 도착하면 마을 한 가운데 있는 광장과 우물을 만나게 되는데, 이 우물은 마셔도 되는 물이다. 광장 옆에는 시토회 수도원과 부속 교회인 성 스테파노 교회(église abbatiale Saint Étienne)가 있다. 수도원은 하루 두 번 가이드하는 수녀가 나와서 손님들을 이끌고 다니면서 보여주는데, 온전한 모습도 아니고 관리도 잘 안 되고 있어서 몹시 실망스러웠다.

지금의 교회는 1757년에 파괴되어 반으로 줄어든 모습 그대로인데, 교회는 항상 열려 있고 중요한 것들이 많으니 꼭 봐야 한다. 그중 교회 안에서 꼭 봐야할 것은

*수도사들의 숙소에서 교회로 내려오는 긴 계단 아래 12세기에 참나무로 만든 가구가 있는데, 프랑스에서 가장 오래된 가구 중의 하나라고 하며, 어둡고 긴 계단은 어린 시절 샤넬이 미사 하러 내려왔던 추억이 서려있어, 성공한 후에 파리의 저택에 똑같은 모양으로 만들었다고 하는 바로 그 계단이다.

*12세기에 제작한 스테인드글라스는 다른 교회와는 달리 색이나 문양이 몹시 단순한데 샤넬이 이 문양을 본떠서 로고를 만들었다고 한다.

*45개의 성직자석은 17세기에 만든 것으로 섬세하고 보존이 잘 되어 있다.

*13세기에 만든 성 스테파노 무덤은 조각이 섬세한데 성 스테파노는 이 수도원의 창시자이다.

*연민의 마리아(Vierge de pitié)는 15세기에 채색하여 그린 그림으로, 아래에는 마우르 성인, 블레즈 성인 그리고 앙뜨완느 성인이 있는데 색채가 많이 흐려져 있다.

성 스테파노의 무덤

　*세례 요한 샤뻴에 있는 장식 병풍이 볼 만하고, 오바진에서의 스테파노
성인 그림도 눈여겨 보자.

　그 이외에 이 마을에서 유명한 것은 '수도사들의 운하(canal des moines)'인데
12세기에 수도원과 마을에 물을 공급하기 위해 만든 것으로 지금도 쓰고 있
다고 한다.

Info

수도원 방문은 화~일: 11시, 15시 30분(일요일은 11시 방문 없음)

Aubazine은 Brive-la-Gaillarde 동쪽 14km

　　　　Tulle 남서쪽 17km

　　　　Aurillac 북서쪽 83km에 있다.

연민의 마리아(15세기)

세례 요한에게 봉헌한 장식병풍

이 별도 샤넬이 로고로 썼다

꽁끄 마을 모습

아름다운 마을에 수도원까지 Conques

꽁끄는 프랑스 남부 옥시타니(Occitanie)주, 아베이롱(Aveyron)현에 있으며, 산티아고 순례길의 중요 거점이면서 '가장 아름다운 마을' 중의 하나다. 핑크빛 도는 황토색 벽과 짙은 쥐색의 편암 기와를 얹은 집들이 숲과 조화를 이루어 분위기 있는 중세 마을 중에서도 빼어나게 예쁜 마을이다. 게다가 성녀 푸와(Sainte Foy: 291~303.10.6 성녀의 이름을 따서 만든 Santa Fe라는 도시가 아주 많다.)의 유해를 모시고 있는 수도원은 유네스코 문화유산에 등재되어 있는 12세기 로마네스크 교회이다. 푸와는 갈로 로맹의 부유한 가정에서 태어나 유모의 영향을 받아 세례를 받고, 가난한 사람들을 도우면서 모범적인 삶을 살다가 아버지가 지방 총독에게 밀고하여 12살에 교수형을 당한다. 시신은 아장(Agen)에 있는 순교자 교회에 묻혔는데, 11세기에 한 수도사가 꽁끄로 훔쳐오게 되고 많은 기적이 일어난다. 물론 아장에도 성녀의 유골이 남아 있어서 신자들의 숭배를 받고 있다. 전설과 현실 사이에서 어린 순교자 푸와는 기독교의 뿌리를 공고히 해 주는 상징이다.

마을의 역사

5세기부터 구세주께 봉헌한 기도소 주위에 작은 부락이 있었다. 730년
경 사라센 군대가 짓밟고 지나간 후 기도소는 피핀 르 브레프(Pépin le Bref: 714~
768.9.24 찰스 마르텔의 아들이며 샤를마뉴 대제의 아버지로 키가 작아서 붙여진 이름)와 샤를마
뉴 대제에 의해 복구된다. 같은 시기에 은수자 다동(Dadon)이 베네딕토 규율
을 따르는 수도원을 짓게 되고, 864년과 875년 사이에는 한 수도사가 아장
의 수도원 교회에서 성녀 푸와의 유해를 훔쳐오는 중요한 사건이 발생한다.
중세에는 이런 일이 아주 흔했는데, 점잖게 <은밀한 이동>이라고 표현했
다. 이 경건한 도둑질로 인해 많은 기적이 일어나고, 꽁끄에는 수많은 순례
객이 몰려온다. 이 즈음해서 야고보 성인의 것으로 추정되는 무덤이 산티아
고에서 발견되자, 꽁끄는 산티아고 순례길의 중요한 거점이 된다. 13세기에
수도원은 최고로 번성하고, 경제적으로도 번영을 누리다가 14세기부터 쇠
퇴하기 시작하여 1537년에는 참사회의 손에 넘겨진다.

산티아고 순례길

약 1140년경에 작성된 <순례의 지침서>에서 에므리 삐꼬(맨 처음으로 산티
아고 순례길에 대한 글을 쓴 수도사)는 "쀠(Puy)길로 해서 산티아고에 가는 부르고뉴
와 독일 사람들은 반드시 성녀 푸와의 유해에 경배 드려야 한다. 그녀의 영
혼은 성스럽고, 아장의 산 위에서 사형 집행인이 머리를 자른 후, 그녀는 월
계관을 쓰고서 비둘기 형상의 천사들에 의해 하늘에 들어 올려졌다. 난폭한
박해를 피해 동굴에 숨어있던 아장의 주교 까프레(Caprais: 303년에 푸와가 죽은 후
아장에서 순교)는 이걸 보고 고문을 견뎌 낼 용기를 얻어, 성녀가 고통을 당했던

수도원 교회의 합각벽

장소까지 걸어가 사형집행인에게 그들의 게으름을 비난하기까지 했다. 성녀의 시신은 베네딕토 규율을 엄격하게 지키고 있는 아름다운 바실리크 아래 잠들어 있으며, 건강한 사람이나 아픈 사람에게 은혜가 골고루 베풀어지고, 바실리크 앞을 흐르는 샘물은 효력이 뛰어나다"라고 적혀 있으니 중세 때에 이미 중요한 순례지였음이 증명되는 곳이라 하겠다.

교회 정문 위 조각

순례객을 맞아들이고 성녀 푸와의 유해를 숭배한다는 이유로 '순례교회'라고 불린다. 남프랑스에서 로마네스크 예술의 걸작으로 여겨지는 정문 위의 조각과, 성녀 푸와의 유해를 포함해서 카로링거 시대의 독특한 예술품들을 소장하고 있는 박물관이 특히 유명하다. 이 수도원(Abbaye Sainte Foy)은 819년에 '다동'이 지은 옛 은신처 터에 1041년 오돌릭 수도원장이 건축했다.

이제 이 교회에서 가장 중요한 합각벽(tympan)의 조각을 살펴보기로 하자. 이 합각벽은 마태복음에 나오는 그리스도의 재림·구원의 이야기 그리고 최후의 심판을 나타내고 있다. 노란색 석회암을 세 개의 블록으로 나누고 채색의 흔적이 보이는 124명의 인물이 등장한다. 우선 맨 아래는 지하세계 (과거)를 나타내는데, 왼쪽은 천당과 선인들의 임보(Limbe: 구약시대에 선인의 영혼이 그리스도 강림 때까지 머물던 곳)를, 오른쪽은 죽어서 지옥에 떨어진 자 들이다. 왼쪽 가운데는 아브라함이 두 팔로 왕홀과 꽃무늬 장식의 막대를 들고 있는 선민을 안고 있고, 그 왼쪽에는 순교자들, 향수병을 들고 있는 성녀들, 램프와 책을 들고 있는 현명한 처녀들이 있다. 아브라함 오른쪽에는 양피지 두루마리를 들고 있는 예언자들 그리고 책을 들고 있는 사도들이 조각되어 있다. 천당의 대기실은 천국의 문으로 상징되는데, 선민을 영접하는 천사와 선민의 손을 잡고 날개를 펼치고 있는 천사가 있다. 오른쪽은 지옥 편으로 대기실에는 절구공이를 휘두르는 덥수룩하고 통통한 마귀, 거대한 괴물 아가리에 쳐 넣어져 지옥에 떨어진 사람이 있는데 그 아가리 속에는 이미 다른 사람의 다리가 들어가 있다.

사탄이 지배하는 지옥에서는 중죄인들이 벌을 받고 있는데·오만함(말에서 떨어지는 기사)·간통 또는 사치(가슴을 드러낸 채 목이 연인과 묶여있는 여자)·인색함(목에 금이 든 주머니를 찬 채 매달려있고 악마가 교수대에 매달린 끈을 잡아당기고 있다)·게으름(사탄 밑에 한 남자가 있고 두꺼비가 발을 핥아주고 있다)·험담(한 남자가 불 위에 앉아있고 악마가 그의 혀를 뽑고 있다)·식탐(남비 속에 길게 드러누워 배가 불룩한 채 지옥에 떨어진 사람)으로 그려져 있다. 세모꼴 모양에는 천사 세 명과 영혼의 무게를 재는 저울 옆에 있는 악마와 싸우는 미카엘 대천사가 있다. 괴물 위에서는 절망한 사람이 목에 비수를 꽂고, 그 오른쪽은 악마가 손에 악기를 들고 있는 예술가의 혀를 갈고리로 뽑으며 다른 악마는 그의 목덜미를 깨물고 있다. 맨 오른쪽에는 두 악마가 한 남자를 꼬챙이에 끼워 굽고 있는데, 머리가 토끼인걸로 봐서 이 남자가 밀렵꾼이었음을 암시한다.

가운데는 현재 세계를 나타내는데, <장엄예수>가 왕좌에 앉아 있고 왼쪽은 선민들이 천당에 들어가 있는 모습, 오른쪽은 천벌을 받은 자들이 지옥에 떨어진 참상이 그려져 있다. 촛불을 든 두 명의 천사가 세 겹의 후광이 둘러싸고 있는 예수를 들어 올리고 있다. 머리 위에는 두 천사가 두루마리를 들고 있고, 왼쪽에서는 선민들이 그리스도를 향해 행진을 하는데, 성모와 성 베드로 그리고 샤를마뉴 대제의 손을 잡고 있는 수도원장이 있고, 그 아래는 후광에 싸인 하느님의 손앞에 엎드려있는 성녀 푸와, 왼쪽 교회에는 제단, 성녀의 의자 그리고 그녀를 묶었던 감옥의 사슬이 조각되어 있다. 그리스도 오른쪽에는 향로를 든 사람과 책을 들고 있는 사람 그리고 천벌 받은 사람들과 싸우는 두 천사가 있는데, 한 천사는 창을 들고 있고 또 한 천사는 검과 방패를 들고 있으며 거기에는 '천사들이 정의로운 사람과 나쁜 사람을 구별하러 나올 것이니라'라고 쓰어 있고, 지옥에서 나오려고 하는 사람들을 밀어 넣고 있다. 오른쪽 지옥 편에는 못된 수도사가 세 명 있는데, 목에 끈을 감은 채 주머니를 붙들고 있는 이, 손에 책을 든 채 쓰러져 있는 이 그리고 동전으로 꽉 찬 통을 들고 있는 이가 있다.

아래쪽에서는 방패, 곡괭이, 창, 활, 칼을 들고서 술주정뱅이를 공격하고 있는데, 발이 묶인 채 매달려 있는 이 사람은 몸속의 음식물과 끈으로 묶은 지갑까지 다 토해내고 있다.

천상을 상징하는 맨 위 칸은 미래를 의미하며 십자가로 나눠지는데 '나자렛 예수, 유대인의 왕(SREXIDEORUM)'이라고 세로로 새겨져 있다.

가로로 윗줄에는 해(SOL), 달(LUNA) 그리고 의인화된 두 개의 천체, 예수 수난의 도구인 창(LANCEA)과 못(CLAVI)은 천사들이 들고 있다. 아랫줄에는 '그가 영광 속에 다시 올 때(OC SIGNUM CRUSIS ERIT IN CELOCUM)'라는 마태복음서에 나오는 예수 재림에 대한 문구가 새겨져 있다. 양쪽 귀퉁이에는 뿔나팔을 불고 있는 두 천사가 날개를 펴고, 소용돌이치는 다리는 구부린 채 사방에 그리스도의 재림을 알리고 있다. 맨 위 왼쪽 띠에는 '성인들이 심판의 그리스도 앞에 즐거워하며 서 있도다(SANCRORUM CETUS STAT XPISTO IVDICE LETUS), 사악한 인간들은 이렇듯 지옥에 빠졌도다(HOMINES PERVERSI SIC SUNT IN TARTARA MERSI)', 가운데 띠에는 '그렇게 선민들에게는 하늘의 기쁨이 주어졌도다(SIC DATUR ELECTIS AD CELI GAVDIA VINCTIS), 영광, 평화, 휴식 그리고 영원한 빛(GLORIA PAX REQVIES PERPETVVSQVE DIES), 부정한 사람들은 고문당하고 화염 속에서 타 죽는도다(PENIS INVSTI CRVCIANTVR IN IGNIBVS VSTI), 그들은 악마 때문에 떨고 있고 끝도 없이 신음하고 있도다(DEMONAS ATQVE TREMVNT PERPETVOQVE GEMVNT PERPETVOQVE GEMVNT)'.

지붕처럼 생긴 띠에는 '순결한 사람, 온화한 사람, 부드러운 사람, 신앙의 친구들은(CASTI PACIFICI MITES PIETATIS AMICI), 이렇듯 기쁨 속에 안전하게 두려움없이 서 있도다(SIC STANT GAVDENTES SECVRI NIL METVENTES), 도둑놈, 거짓말쟁이, 사기꾼, 탐욕스런 사람, 약탈자들은(FVRES MENDACES FALSI CVPIDIQVE RAPACES), 이렇듯 대 죄인들과 함께 지옥에 떨어졌도다(SIC SVNTDAMPNATI CVNCTISMVL ET SCELERATI)', 맨 아래 왼쪽 띠에는 '오 죄인들이여 그대들이 품행을 고치지 않으면…(O PECCATORES TRANSMVTETIS NISI MORES)'이라고 적혀 있다.

이 작품을 잘 감상하기 위해서는 맞은편 돌계단에 앉아서 별 생각 없이 오래 오래 보다가, 책을 참고해서 다시 찬찬히 부분별로 뜯어보는 게 좋겠다.

교회 회중석   철제 그릴 (출처: Sainte Foy)

교회 내부

교회 내부는 라틴 십자가 모양으로 되어 있고 내진에 샤뻴 3개, 날개 부분에 4개의 샤뻴이 있다. 지형상의 어려움을 고려하여 땅딸막한 크기로 지어졌는데, 그것은 첫 번째 은둔처가 두르두 강의 깎아지른 듯한 협곡에 세워졌기 때문이다. 내진, 채색한 천장 그리고 밝은 색으로 채색된 특별석이 있는 내부는 아주 검소하다. 벽의 윗부분, 내진 그리고 많은 기둥은 다양한 노랑색 석회암으로 되어 있고, 동쪽 날개 부분에 있는 샤뻴과 회랑 벽 그리고 남쪽 벽은 붉은 사암으로 되어있다.

푸와 성녀의 유해에 참배하기 위해 만들어진 회랑과 내진 사이에는 12세기에 만든 철제 그릴이 쳐 있는데, 성녀의 중재로 풀려난 죄수들이 가져 온 사슬, 목줄, 수갑으로 만든 것이다. 성기실은 성녀의 순교 장면을 그린 15세기 프레스코화로 장식되어 있다. 왼쪽 날개 부분의 안쪽에는 정문 합각벽을 조각한 작가가 조각한 <수태고지>고부조가 있다. 250개의 기둥 장식은 완벽한 로마네스크 예술의 걸작으로 식물, 기하학적 무늬 그리고 사람 얼굴이 대부분이다. 가장 오래된 것은 거꾸로 십자가에 못 박힌 성 베드로이고, 북쪽 날개 부분에는 알렉산더 대왕이 날개 달린 두 마리 개의 도움을 받아 하늘에 올라가는 조각과 푸와 성녀가 체포되는 장면 그리고 십자군 전쟁 때 기병과 전사들과의 전투 장면 등이 있다.

폐허

교회 남쪽에 수도원 경내 정원의 폐허가 있는데, 마을 사람들이 정원의 돌을 뽑아다가 집을 지었다고 하며, 11세기 기둥은 19개만 남아 있다. 정원 한가운데 샘이 있고, 동·식물 또는 상상의 동물이 수반을 장식하고 있는데 팔과 손으로 머리를 싸매고 있는 남자상이 수반을 지지하고 있다.

스테인드글라스

1987년에서 1994년까지 삐에르 쏠라주가 유리 제조업자인 쟝 도미니크 플뢰리와 협력하여 제작했다. 그는 엄격한 수도사의 계율에 합당한 무채색의 유리를 원했으나, 적합한 유리를 찾지 못하자 몇 년 동안 노력한 결과 유리 조각을 구워서 용접함으로써 반투명의 유리를 만드는 데 성공한다. 반들반들한 쪽을 바깥으로 가게해서 불순물을 걸러내고, 거칠거칠한 쪽을 안쪽으로 해서 빛을 반사하게 하는 방식이라고 한다.

박물관에서 특별히 봐야할 것들

*7세기에서 12세기까지의 조각들을 모아 놓은 육각형의 성 유골함

*샤를마뉴 대제의 A(샤를마뉴 대제는 자기가 세운 24개의 수도원에 유골을 알파벳 형태로 만들어 한 글자씩 하사했는데, 꽁끄 수도원에는 존엄의 표시로 A를 하사했고, 유골은 맨 꼭대기에 들어있다고 한다.)

*피핀(Pépin)의 성골함

*십자가의 나무 판(8세기부터 피핀의 성골함 위에 있었는데, 1954년에야 발견함)

*베공의 장명등

*왕좌에 앉아있는 아기 안은 마리아

*성 조르쥬의 팔(꽁끄의 수도사로 877년에 로데브의 주교가 됨)

Info

Conques는 Figeac 동쪽 43km

Rodez 북서쪽 38km

Aurillac 남쪽 54km

Rocamadour 동남쪽 92km에 있다.

수도원 교회 주소: place de l'abbaye, 12320, Conques-en-Rouergue, France

멀리서 본 로까마두르 전경

순례객으로 넘쳐나는
로까마두르 Rocamadour

⚜ 12세기부터 산티아고 순례길의 중요한 거점으로 연 15,000,000명이 순례 오는 로까마두르는, 세계 4대 성지(예루살렘, 로마, 산티아고, 로까마두르) 중 하나로 꼽히고 있다. 여기에 오는 순례자들은 스포르뗄(Sportelle)을 기념으로 간직하는데, '순례자의 큰 계단(grand escalier des pèlerins)' 윗마을 광장 주위에 사는 세공사들이 납, 주석, 구리, 은, 금 등으로 만든 것으로, 생명을 상징하는 씨앗 모양의 메달에는 손에 백합장식의 왕홀을 들고 왕좌에 앉아 있는 성모가 왼쪽 무릎에 아기 예수를 안고 있는 모습이다. 이것을 모자나 배낭에 꽂고 다니면 순례자라는 표시가 된다.

1166년에 죽은 지 천 년 만에 아마두르(Amadour)성인의 유해가 발견되었는데, 썩지 않고 그대로여서 그때부터 '바위'를 뜻하는 Roc과 Amadour를 합쳐서 로까마두르라고 불리게 되었고 산티아고를 갈 때 반드시 들러서 아마두르 성인께 참배하고 떠나는 중요한 곳이 되었다.

성지로 올라가는 계단

작고 예쁜 성 루이 샤뻴

기적을 일으켰던 배

큰 계단 grand escalier

순례자들이 무릎으로 기어오르던 126개의 계단인데, 이 계단을 올라가다
보면 '스포르뗄'에 대한 설명도 붙어 있고 바실리크 아래에 있는 광장에 이
르게 된다.

7개의 샤뻴

광장 주위에 작은 샤뻴이 7개(①Crypte Saint Amadour:성 아마두르의 묘,②Sainte Anne:성
안나, ③Saint Blaise:성 블레즈, ④Saint Jean Baptiste:세례요한, ⑤Saint Louis:성 루이, ⑥Saint Michel:성 미
카엘, ⑦Notre Dame:성모 마리아)가 있는데 표지판이 작게 붙어있어서 주의 깊게 살
펴봐야 보이고, 그중에는 잠겨 있는 것도 있다. 세례요한 샤뻴도 개방은 안
하지만 창살 사이로 내부를 볼 수 있는데, 제단 뒤에 로까마두르를 방문했
던 왕들과 왕비들의 초상화가 그려져 있다. 가장 높은 곳에 있는 성 미카엘
샤뻴도 열쇠로 단단히 잠가놨는데, 위로 올라가는 아름다운 계단과 밖에 그
려진 프레스코화를 볼 수 있다. 바위 밑에 조촐한 기도실은 성 루이 샤뻴인
데, 어쩌나 작고 아름다운지…

성모 마리아 샤뻴에는 '검은 성모(Vierge Noire: 영국 왕 헨리의 병을 고쳤다는)'가 있
고 천장에 배 두 척이 매달려 있는데 배가 조난당할 위험에 처했을 때, 이 성
지의 종소리를 따라 왔더니 구조되었다는 연표가 붙어 있고 '기적의 종'이
매달려 있다. 이 샤뻴과 '구세주 바실리크(Basilique Saint Sauveur)'의 왼쪽 문과 바
로 연결되는데 이 바실리크는 성모 마리아 샤뻴이 너무 협소하여 후대에 지
은 것이다.

십자가의 길 11처   예루살렘 십자가

십자가의 길 chemin de Croix, via Crucis

바실리크와 샤뻴들이 있는 곳에서부터 산 정상에 있는 '예루살렘의 십자
가'까지 갈려면 케이블카를 타도 되고, '십자가의 길'을 따라 지그재그로 산
을 오르다보면 어느새 커다란 십자가 옆에 있는 자신을 보게 될 것이다. 그
런데 꼭대기에 올라가서 생각하니 14처를 못 본 것 같아, 올라온 길을 거슬
러 내려오며 꼼꼼히 살펴봤으나 역시 14처가 없다. 성물 판매소 할머니한테
왜 14처가 없냐고 물으니 그냥 웃기만 한다. 광장 돌 의자에 앉아 있다가 옆
에 봉사하는 청년이 앉아 있기에 별 기대하지 않고 물어봤다. 그랬더니 14
처는 동굴 안에 있다는 명쾌한 대답. 무덤에 묻혔으니 당연한 것을.

예루살렘 십자가 Croix de Jérusalem

산 정상에 오르면 큰 십자가가 있는데 '예루살렘 십자가'이다.

거기에 이런 문구가 있어 옮겨보면, '그는 죽었다. 그는 살아있다. 그는 영광 속에 다시 올 것이다.' 직역을 하니 너무 졸렬해서 다시 해 보면, 그는 죽었으나 살아있고 영광 속에 재림할 것이다. 다시 해봐도 그게 그거다. 아무튼 그 밑에는 이 십자가의 유래에 대해 적혀 있는데 '이 십자가는 속죄하는 순례자들이 성지에서 가져온 것이다. 1887년 8월'이라고 쓰여 있다.

폐허로 남은 병원 Hospitalet

거의 버려지다시피 된 성 요한 교회와 병원 폐허가 있는데, 산티아고로 가던 순례자들이 지친 몸을 쉬면서 치료 받던 곳이다. 남아있는 주춧돌로 봐서 상당히 규모가 큰 병원이었을 것이다. 그만큼 순례자도 많았을 것이고.

롤랑의 부러진 검 Durandal de Roland

롤랑(736~778: 샤를마뉴 대제의 조카)은 샤를마뉴 대제 시대의 전설적인 인물인데 , 자기의 훌륭한 검이 사라센의 손에 넘어갈까 두려워 던졌더니 수백 킬로미터를 날아가 꽂힌 곳이 여기 로까마두르의 바위였다. 우리는 2009년에도 여기 와서 아무리 바위를 살펴봐도 검을 찾는데 실패하고 말았다. 이번(2018년)에도 고개가 아프도록 훑어봐도 내 눈에는 검이

Roland의 검

보이질 않아서 아이스크림 가게 주인에게 물으니, 바실리크 쪽에서 보면 보인다고 아주 쉽게 말해준다. 바실리크 앞 광장 의자에 앉아 한참을 찾고 또 찾았으나 그래도 보이질 않아, 이제 너무 지쳐서 그만 둬야지 생각하는데 검이 바위 아주 아래쪽에 떡하니 꽂혀 있는게 보였다. 바위가 워낙 높기도 하지만, 당연히 위쪽에 꽂혀 있겠거니 생각했으니 그만큼 고생을 한 것이다. 보고 싶은 것을 못 보고 그냥 떠나 올 때의 갈증을 이번에 확실히 풀어버려서 너무 기분이 좋다.

가장 아름다운 마을 로까마두르

알주 계곡 절벽에 600명 정도가 살고 있는 가장 아름다운 마을 중 하나인 로까마두르는 신앙이 있든 없든 이 마을에 가는 사람은 아무도 실망하지 않을 것이다. 몽 생 미셀 다음으로 프랑스인들이 많이 찾는 곳이기도 하고, 주변에 구경할 마을이 아주 많아서 이번에는(2018년) 여기서 5박을 했다.

하루는 다른 마을에 가서 프레스코화를 보고 다시 호텔로 오려고 고속도로에서 나와 교차로를 한 바퀴 돌아 천천히 가는데, 저기 앞에서 웬 남자가 손짓을 한다. 차를 태워 달라는 건가 생각하며 천천히 가면서 보니 옆에 여자도 한 명 있는데, 헌병 복장을 하고 곤봉을 저으면서 차를 갓길에 대라는 신호를 한다. 아무 죄도 없는데 일단 헌병이나 경찰을 보면 겁부터 난다. 영문도 모른 채 차를 세웠다. 그랬더니 대뜸 남자 헌병이 묻는다. "지방 도로에서 초속이 얼만지 아십니까?" 그래서 내가 "시속 80km로 알고 있습니다". 그랬더니 7월 1일부터 70km로 바뀌었다고. 그 날이 겨우 7월 5일이고 우리는 한국에서 왔다고 했더니, 그런 건 자기네 알 바가 아니라는 등 어쩌고저

쩌고 하는데, 그 남자가 너무 왜소하고 말도 조리가 없고, 시속을 초속이라고 말하는 모습을 보고 헌병이 아닐지도 모르겠다는 의심이 들기 시작했다. 그리고 아무리 생각해도 교차로에서 나오자마자 과속하기는 좀 어렵기도 하고 해서 내가 "내 남편은 절대 70km를 넘지 않았다"고 했더니 다시는 과속하지 말라고 하면서 보내준다. 하지도 않은 과속을 하지 말라니, 15년 동안 한 번도 겪어보지 못한 희한한 경험을 했다.

Info

Rocamadour는 Brive-la-Gaillarde 남쪽 55km

Aurillac 서쪽 87km

Cahors 북쪽 60km

요새와 같은 교회

요새화 된 교회 Église fortifiée, Saintes-Maries-de-la-Mer

'바다의 성녀 마리아들'이라고 해석되는 이 도시는 론 강이 지중해로 흘러드는 까마르그 삼각주에 위치해 있고 1,600여 명이 살고 있는 해안 마을이다.

예수가 죽은 후 팔레스타인에서 탈출하여 돛도 노도 없는 작은 배를 타고 표류하다가, 마르세이유를 거쳐 이 마을에 도착한 세 여인 막달라 마리아, 마리아 살로메(제베대오의 아내이자 야고보의 어머니) 그리고 마리아 자코베(클로파스의 아내이며 성모 마리아의 여동생)의 전설에서 붙여진 이름이다. 그 작은 배에는 세여인 외에 마르타(막달라 마리아의 동생), 라자로(막달라 마리아의 동생이며 죽은 지 4일 만에 부활), 베다니 막시맹, 시도니우스와 성배를 지닌 아리마대 요셉 등이 있었다.

막달라 마리아는 라 생뜨 봄으로 떠나 동굴 속에서 기도와 묵상 속에 살다가 죽었으며, 마르타는 따라스꽁으로 가서 주민들을 괴롭히는 괴수 따라스 77(Tarasque: 용의 일종으로 상반신은 소처럼 생겼고, 짧은 다리 6개, 거북이 등딱지, 비늘이 있는 꼬리, 전갈의 혓바닥, 사자 머리, 말의 귀, 늙은 남자의 얼굴모양)를 죽여 지금도 주민들의 추앙을 받고 있다. 그런가하면 라자로는 마르세이유의 첫 주교가 되었고 막시맹은 엑스의 첫 주교, 시도니우스는 맹인으로 이름을 레스띠뛰로 바꿔 트리까스땅의 첫 주교가 되었고 성인품에 오른 인물이다.

이 교회에는 세 성녀가 추앙받고 있는데, 집시들의 수호성녀인 사라와 마리아 살로메 그리고 마리아 자코베가 그들이다. 사라에 대해서는 여러 가지 전설이 있는데, 자코베와 살로메의 몸종이라는 설과 이집트 귀족 출신이라는 설, 또 하나는 이 배가 42년에 해안에 닿았을 때 사라가 그들을 맞이했다는 설이 있다.

6세기부터 순례객들이 모여들자 9세기에 교회를 세우기 시작한다. 859년부터 860년 사이에 바이킹족이 발랑스까지 침공을 준비하면서, 이 마을에서 겨울을 났기 때문에 주민들은 혹독한 생활을 견뎌내야 했다. 869년 9월에는 사라센 군이 침략하면서 교회도 황폐화시켜 초기 교회의 윤곽은 후진과 내진에만 남아 있다.

사라센 군이 계속해서 침공하니 수도자들이 교회를 포기했는데, 프로방스의 새 백작인 기욤 1세가 사라센을 축출하고 다시 교회를 세운 것이 992년이다. 그러나 이 교회는 1061년 부터 폐허로 변했다가 1165년에 재건되었는데 14세기에는 대단히 인기 있는 순례지가 되었다. 그러자 1343년에 교황 베네딕토 12세는 5월 24~25일은 사라의 축일, 10월 22일은 살로메와 자코베의 축일로 정했다.

세 마리아의 역사에 관한 시를 쓴 쟝 드 베네뜨는 생 뽈 드 레용의 주교인 삐에르 드 낭뜨가 통풍을 앓고 있었는데, 이곳을 방문한 후 완쾌하여 1357년에 감사의 표시로 레 생뜨까지 순례를 했다고 썼다. (참고로 Saint-Pol-de-Léon에서 Les Saintes까지는 무려 1,170km이다.)

대혁명 때인 1794~1797년 사이에는 예배가 중단되고, 교회의 감시구는 허물어지고 돌은 팔려가 오랫동안 방치되었다가 1873년에 다시 지어 지금의 모습이 되었다. 1888년 6월 초 뱅상 반 고흐가 이 마을에 와서 바닷가에 있는 작은 배와 언덕에서 바라 본 마을 풍경을 그렸다고 한다.

교회 église des Saintes Maries

9세기에 밀려드는 순례객을 수용하기 위해 길이 40m, 넓이 15m, 높이 8m의 소박한 규모에 장식은 최소한으로 줄여 요새의 형태로 지었다. 외부는 요새와 똑같은 모양인데, 이 지역은 주기적으로 바바리안 족의 침략을 받아 왔기 때문에, 처음 지을 때부터 재빨리 요새 형태를 갖추어 회중석은 한 개로 만들고, 엇갈린 돌출 총안과 순찰로가 있고 감시탑에서 마을을 15m까지 살필 수 있게 설계되었는데, 다각형의 후진만이 로마네스크 양식으로 옛날의 수비대 위에 남아 있다.

단단한 석회질 돌로 지어진 교회는 신자들이 드나드는 남쪽 문은 두 마리 사자로 장식되어 있고, 북쪽 문은 수도자만 이용할 수 있으며 정원으로 나갈 수 있다. 교회 내부는 회중석과 반원형으로 된 내진으로 되어 있는데 분위기는 많이 어둡고 그을린 것 같은 인상을 준다. 측면에는 샤뻴도 없고 장식도 별로 없으며, 왼쪽에 배에 타고 있는 성녀 마리아 자코베와 살로메의 동상이 있고, 그 주위에 수많은 봉헌물이 붙어 있다. 회중석은 반원형 천장과 두꺼운 벽으로 보호받고 있다. 17세기의 나무로 된 그리스도 상 밑에는 우물이 있는데, 중세 때 마을이 적의 침략을 받으면 모두 교회 안으로 피난 왔었다는 걸 말해 주는 증거이다. 회중석 북쪽 귀퉁이에는 처음에 깔았던 타일 바닥의 일부분이 남아 있고, 옛 기둥을 파서 만든 세례반도 보인다. 회중석에 있는 예외적인 장식 중에는 17세기에 금 도금한 나무로 만든 장식 병풍과, 사도들과 예수 탄생을 그린 제단의 닫집이 있다. 내진에는 장식된 여덟 개의 대리석 기둥이 있는데, 여섯 개는 나뭇잎, 얼굴, 악마의 머리가 새겨 있고, 하나는 예수 강생의 신비를, 다른 하나에는 그리스도의 수난을 나타내고 있다. 예수 강생의 신비는 엘리사벳 방문과 자카리아에게 가브리엘

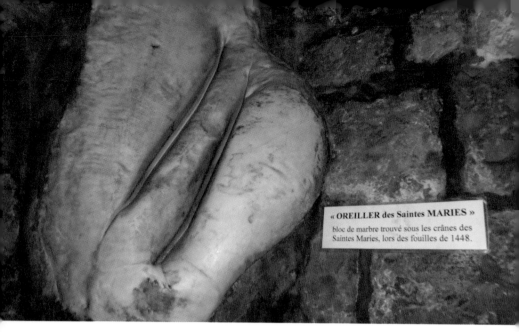

성녀들의 베개

대 천사가 나타나는 장면으로 묘사되었고, 그리스도의 수난은 아브라함의
제물로 표현되어 있다.

지하묘지는 성 마리아들의 거처였다고 하는데, 묘지 안쪽에 사라의 상이
색색의 보석으로 치장된 망토를 두르고 서 있다. 그 옆에는 3세기 석관 뚜껑
으로 만든 제단을 볼 수 있다. 벽속에 들어가 있는 작은 대리석 기둥은 르네
왕이 발굴하여 나중에 '성녀들의 베개'라고 부르게 되었으며, 수태에 효험이
있다고 알려져 있다.

내진 위 옛 수비대 안에는 성 미카엘에게 봉헌한 샤뻴이 높게 자리 잡고
있는데, 이 샤뻴에는 성녀들의 유골이 보관되어 있지만 연례적인 순례 기간
에만 공개한다.

이 샤뻴 역시 방어 시스템에 의해 지어진 것이라서 초소로 쓰였다고 한다.

우리에게는 잘 알려지지 않은 레 생뜨 마리 드 라 메르는 여름에는 피서
객과 순례객으로 넘쳐나는 곳이다. 지하묘지, 우물, 검은 동상, 기적들, 신자

들의 신앙심, 석고상 주위에 발산되는 그윽한 향기 이 모두가 조화를 이루는 곳이 바로 '바다의 성 마리아 교회'라고 할 수 있겠다. 교회 내부가 워낙 어둡고 연기로 가득차서 사진이 제대로 찍히질 않아 많이 속이 상했던 곳이 바로 이 교회다.

Info

교회 주소: 19 place Jean ⅩⅩⅠⅠⅠ 13460 Saintes -Maries-de-la-Mer France.

이 마을은 Arles 남서쪽 38km

Nîmes 남쪽 54km

Marseille 서쪽 126km에 있다.

맞은편 산에서 찍은 수도원

피레네 산중에 있는
성 마르땡 수도원 Abbaye Saint Martin de Canigou

수도원의 역사

프랑스와 스페인 사이 까니구 산중에 수도원이 세워진 것은 기프레드 데 벨루(Guifred de Velu: 840~897.8.11: 20년간 바르셀로나의 백작)의 증손자인 백작 기프레드 (Guifred: 970~1049.7.31) 2세의 영향이 크다고 하는데 처음 기록된 것이 997년이다. 몇 년 동안 많은 기부금이 들어와서 공사는 아주 일정한 방식으로 진행되었고 1005년 6월 12일, 기프레드 2세는 아내인 기슬라와 함께 까니구의 산비탈에 있는 사유지를 헌납한다. 1009년 11월 13일 올리바 수도원장이 성마르땡·성모 마리아·성 미카엘 대천사에게 수도원을 봉헌하고 몇 년 후 (1014년) 툴루즈의 생 세르넹 성당에서 성 고데리끄(9세기 성인)와 성 기프레드의 유해를 점잖게 훔쳐다 놓으니, 수도원은 더욱 커지고 기부금이 쏟아져 들어왔다. 1035년에 기프레드 백작은 자기가 지은 이 베네딕토 수도회의 수도사가 되었고, 수도원 바윗돌에 직접 무덤을 파고 1049년에 거기에 묻혔다.

그러나 12세기부터 수도원은 쇠퇴하기 시작하여 라그라쓰의 수도원에 합병이 되니, 약탈과 분규가 계속되고 급기야는 교황이 중재에 나선다. 그 후 2세기 동안은 평온하게 번영을 누리다가, 1428년 끔찍한 지진이 수도원을 뒤흔들어 많은 건물이 파괴되고, 종탑도 무너지고 교회만 그럭저럭 살아남았다. 그러나 이것이 이 수도원의 종말이나 마찬가지였는데, 그것은 수도원이 소유한 토지로는 이 모든 건물을 재건하기에 충분하지가 못했기 때문이다. 1506년 수도원은 임시 관리 체제로 바뀌고, 1782년 루이 16세 때 결국 세속화 되고 만다. 공포정치(1793~1794) 때는 마지막 남은 수도사들은 추방되고 모든 재산은 분산되었으며 고데리끄 성인의 유해는 뻬르삐냥으로, 기프레드 성인의 뼈는 까스떼이유 교회로 보내진 후 수도원은 폐쇄된다. 수도원은 채석장으로 변하고, 정원의 기둥들, 조각품과 집기들까지 약탈당하고 만다. 그러다가 뻬르삐냥의 주교가 종탑, 무너진 교회, 정원의 3면 회랑을 보수하고 난 20세기 초에 수도원은 다시 활기를 찾게 된다. 1952년부터 1983년 까지 샤반느의 베르나르 경이 완전하게 재건하여 영적 생명을 불어 넣게 된다. 8세기 동안 베네딕토 수도사들의 구도 장소였던 수도원은 지금은 <진복 수도회(Communauté des Béatitudes)>가 수도하며 관리를 맡고 있다.

수도원 가는 길

수도원을 방문하기 위해서는 아래 마을 까스떼이유에 차를 세워놓고, 천 미터 정도를 그냥 올라가면 된다.

산길은 험하지는 않지만 특히 여름에는 물을 꼭 준비해야하고, 아침 일찍 나서는 게 좋다. 오래 쉬엄쉬엄 올라가는 일은 성지에 꼭 필요한 것인데, 육

성 마르땡 수도원 가는 길

체적으로나 정신적으로 쌓인 모든 걸 비우고 새로운 에너지로 채우는 시간이 필요하기 때문이다.

우리가 2012년 여름에 베르네 레 뱅(Vernet-les-bains)이라는 마을에 숙소를 정해놓고 아침 일찍 까스떼이유에 차를 세우고 보니 수도원 가는 길이 (∨∧) 이렇게 두 방향으로 그려져 있어, 마을 어른에게 어느 길이 가깝냐고 물으니 왼쪽은 쉬운 길이고, 오른쪽은 가깝지만 가파른 길이라고 하면서 왼쪽 길을 권한다. 과연 우리 앞에도 두 쌍의 노부부가 올라가고 있고, 우리 뒤에도 한 쌍이 따라오는 걸로 봐서, 많은 사람이 왼쪽 길을 이용하는 것 같다. 산을 돌고 돌아 다 왔나 싶으면 다시 돌고, 계속 돌다보니 왼쪽으로 벽돌 건물이 나타나고 사진에서 봤던 수도원이 떡하니 나타난다.

너무 일찍 도착하여 여기 저기 사진을 찍고 있는데 문이 "철커덕!" 열리면서 수도사 한 분이 나온다. 우리 카메라를 보더니 "삼숭?"하면서 엄지를 치켜세운다. 스테판 요하네스(Stefan Johannes)라는 독일인으로 <진복 수도회> 소속이라고 자신을 소개한다.

그는 수도원에 대해서 이것저것 설명해주고 나는 서툰 불어로 우리 여행에 대해 얘기해 줬더니 싸인도 해 주신다.

이 수도원은 자유롭게 구경할 수는 없고, 한 시간 정도 소요되는 가이드 방문만 가능하다. 10시가 되니 어디서 사람들이 그렇게 모여든 건지 40명 정도가 가이드 아가씨를 따라 설명을 들으며 구경에 나섰다. 가이드가 초보인지 상당히 서툴러 보였지만, 사람들은 그렇게 진지한 태도로 듣고 질문도 하고 가끔은 짝꿍끼리 뽀뽀도 하고. 그런 모습들도 다 아름다워 보이는 나이가 되었다. 이제, 그래도 우리 부부는 마치 남처럼 멀찌감치 떨어져서 다니고…

12시에 미사가 있다고 해서 준비해간 간식을 먹으며 수도원 전경을 감상했다. 수도원 맞은편 산을 오르다보면 바위 위에 앉아서 수도원을 완벽하게 볼 수 있는 곳이 있다.

12시 가까이 되니 사람들이 하나 둘 나타나 교회 문 앞에 서서 묵묵히 기다린다. 이윽고 문이 열려 교회에 들어가니 수녀가 여러 명 있고 관광객이 40명 정도인데, 문이 열리더니 아까 우리하고 대화했던 분이 미사를 집전하려고 들어온다. 놀라워라, 수도사가 아니고 신부님이었구나! 음성은 낮고 부드러우면서 정말 진지하게 강론을 하는데, 사실 무슨 내용인지는 몰라도 듣기에 좋았다. 성가를 부를 때는 늙은 수녀가 한 손으로 지휘하며 선창을 하면 모두가 합창을 하는데, 어떤 이는 기막히게 멋진 화음을 만들어낸다. 우리 앞에는 이 더위에 두꺼운 털 스웨터를 입은 젊은 남자가 방석을 의자에 대고 앉아만 있는데, 그 모습이 너무 슬퍼 눈물이 나올 것 같다. 성체를 모실 때는 손을 내밀면 우리식으로 밀떡을 주고, 입을 벌리면 밀떡을 와인에 적셔서 먹여준다. 어린 아이들 차례가 오면 얼마나 오랫동안 아이들 머리에 손을 얹고 기도를 하는지 그 자체가 감동을 준다.

교회

수도원 교회는 성모 마리아께 봉헌한 '아래 교회'와 성 마르땡에게 봉헌한 '위 교회'로 되어있다. 아래 교회는 대부분 지하에 있고, 로마네스크 이전 양식과 초기 로마네스크 양식으로 천장의 높이는 3m를 넘지 않고, 동쪽 부분은 1009년에 축성된 거라고 하지만, 카로링거 시대 것으로 추정하기도 한다. 나머지 건물은 1010년에서 1020년 사이, 성 고데리끄의 유해를 가져와 봉헌한 시기에 지은 것이다. 후진과 사분궁륭으로 된 두 개의 소후진은 바위를 깎아서 만들었다. 지하 무덤에 있는 성모상은 도둑맞은 후 복제품으로 대신한 것이란다. 가이드 뒤를 따라 교회에 들어가니 수녀 한 분이 그림처럼 앉아 있어서, 가이드 아가씨도 차마 소리를 내어 설명을 못하고 눈으로 구경만 하라고 한다.

교회는 1010년에서 1020년 사이, 아래 교회가 커질 때 정사각형 기둥을 강화하

성모상

기 위해 건축하다보니 생겨난 결과물이다. 이 성 마르땡 교회는 세 개의 회중석으로 되어있고, 한 개의 돌로 된 기둥과 사분궁륭의 천장으로 되어있는데 세 번째와 네 번째 사이는 십자가 형태로 되어 있다. 좀 뒤에 고데리끄 성인의 유해를 모시기 위해 네 번째 후진을 짓게 된다.

배꼽 춤추는 살로메

경내 정원

1900년에서 1920년 사이에 보수 할 당시, 원래의 모습을 상상하기가 어려웠기 때문에 굉장히 많은 어려움을 겪었다고 한다.

북쪽과 동쪽 회랑의 길이는 14m, 서쪽 회랑은 10m인 불규칙한 사변형이라는 것만 알 수 있는 상황이었다. 정원은 11세기 초에 만든 것과 12세기 말에 만든 것이 있는데, 아래층은 세 개의 회랑만 남아있고, 원래의 모습은 찾아볼 수 없다. 차양으로 덮여있는 위층은 대혁명 당시 수도원이 폐쇄되면서 분산되었던 기둥들을 재건할 당시에 몇 개는 회수하여 제 자리에 놓게 되었다니 다행스런 일이다. 남쪽 회랑은 절벽 위에 만들어졌는데 하얀색과 붉은색 대리석으로 되어 있다. 그중에 볼만한 것은, 살로메의 배꼽춤(사치를 상징), 수도사들의 행진, 주둥이에 날개를 문 날개달린 짐승들, 뱀이 꿈틀거리는 생명의 나무와 물고기 등이다.

미사 후 숙소에 돌아오니 하늘이 갑자기 시커메지고 천둥이 치면서 소나기가 무섭게 쏟아진다. 수도원을 향해 올라가던 사람들, 마을로 내려오던 사람들 걱정이 된다. 여기는 산중이라 날씨 변화가 심하니, 비가 오는 날은 수도원에 가지 않는 것이 좋다.

Info

수도원 주소: Casteil 66820 France

개방시간

2월 1일~5월 31일: 10h~12h, 14h~16h(월요일은 제외)

6월 1일~9월 30일: 10h~12h, 14h~17h

10월 1일~12월 31일: 10h~12h, 14h~16h(월요일은 제외)

수도원은 Vernet-les-Bains 남쪽 3km

　　　　　Peripignan 남서쪽 58km

　　　　　Prades 남쪽 14km에 있다.

교회 정면

4면이 온통 프레스코화

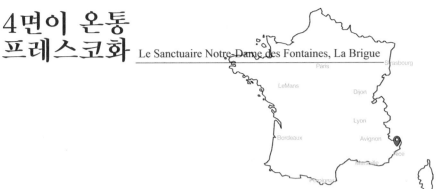

Le Sanctuaire Notre-Dame des Fontaines, La Brigue

🏠 라 브리그는 프랑스와 이탈리아 국경 부근에 있는 마을로, 이탈리아 영토였다가 1947년에 프랑스에 편입된 곳이다. 인구는 700명 정도인데 일년에 12,000명의 순례객이 몰려오는 '샘의 성모 마리아 성지(Le Sanctuaire Notre-Dame des Fontaines)'로 유명한 곳이다. 이 작은 교회는 라 브리그에서 조금 떨어져 있고, 교회 옆으로는 작은 개천이 흐르고 있다.

교회

13세기에 자연 재해(지진, 태풍, 샘이 마름 등)가 잇따르자 까스뗄라 에드 뗀다(Castellar ed Tenda) 공작은 마리아의 계시를 받아서, 아기 예수 탄생의 날을 맞아 이 교회가 성령에게 기도하는 장소라고 선포한다.

그 후로 나쁜 기후 현상이 멈추고 샘물이 다시 솟아났다.

가뭄 뒤에 샘물이 다시 솟구쳐 올랐기 때문에 이 교회 이름이 '샘의 성모

유다의 죽음　　　　　　　　화려한 교회 내부

마리아 교회'가 되었는데, 15세기에 이 교회는 귀족들의 개인숭배와 회의장으로 변해 버린다. 그러다 중세 말(15세기) 지오바니 카나베지오와 지오바니 발레이송이 벽에 그림을 그려 '알프스의 시스티나 성당(chapelle Sixtine des Alpes)'이라고 불려지기 시작했다. 교회 전체를 프레스코화가 장식하고 있는데, 마리아의 어린 시절·결혼 모습·수태고지·예수탄생·이집트로 피난·성전에 바침·예수 수난·부활·최후의 심판 등등 입이 딱 벌어질 정도로 많은 인물과 성서의 내용이 그림으로 부활한 것인데, 크게 '예수 수난(la Passion du Christ)'과 '최후의 심판(le Jugement dernier)'으로 요약할 수 있겠다. '유다의 죽음과 예수 수난' 밑 하얀 대리석에 글씨가 쓰여 있는데, 그것은 까나베지오가 1492년 10월 12일 그림을 그렸다는 싸인을 해 놓은 것이다. 프레스코화는 순례객들의 기부금과 라 브리그에서 주는 기금으로 잘 보존되고 있다.

정보

우리는 2013년 여름에 가서 보고, 2018년 여름에 또 한 번 볼 기회를 만들었다. 한번 본 걸로는 뭔가 부족한 것 같아서⋯. 프랑스와 이탈리아 국경 근방에 있고, 워낙 산중에 있기 때문에 교통이 어려운 편인데 직접 가서 15세기의 벽화를 보는 순간 모든 수고가 보상을 받는다. 라 브리그까지 가면, 거기서부터는 <Le Sanctuaire Notre-Dame des Fontaines>라고 쓰여진 갈색 표지판을 따라가면 된다. 입장료가 있고 가이드의 설명을 들으며 작품을 감상해야 한다.

지오반니 까나베지오는 1450년 이탈리아 피에몬테에서 태어나 신부와 화가로 살다가 1500년 이후에 죽었다. 그는 이탈리아의 리구리아와 남 프랑스 지방에서 주로 활동했으며, 프레스코화와 제단 뒤의 장식 병풍 등 많은 작품을 남겼다.

Info

교회 개방 시간: 매일 10h~12h 30, 14h~17h 30 (화·목은 오후만)

Le Sanctuaire N. D des Fontaines는 La Brigue 동쪽 5km

Tende 동남쪽 11km

Menton 북쪽 58km에 있다.

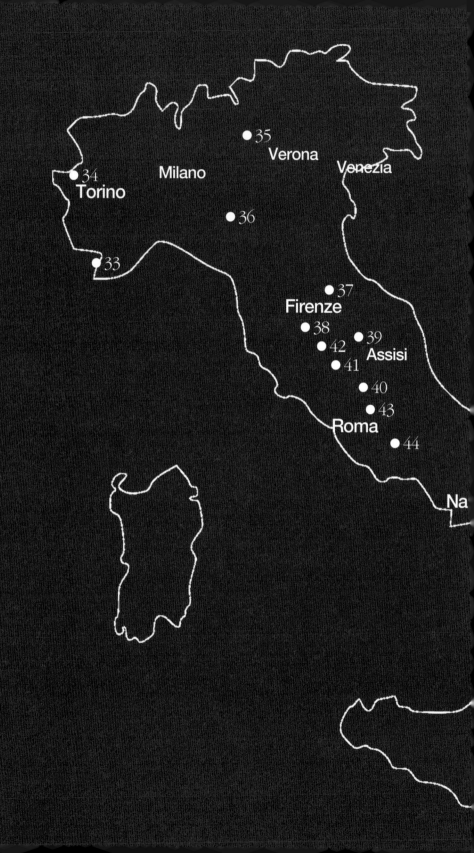

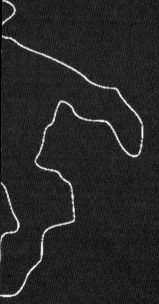

제4장 이탈리아

암펠리오 교회 정면

작은 것이 아름답다: 암펠리오 교회 Chiesa di Sant'Ampelio, Bordighera

프랑스에서 이탈리아로 넘어가는 길은 많은데, 우리는 프로방스의 구르동에서 5일을 묵었기 때문에 산길을 내려가 니스에서 고속도로 A10(우리가 지나고 얼마 지나지 않은 8월 14일에 허망하게 무너져 내린 다리가 있는)을 타고 가다가, 모나코 근방에 있는 프랑스의 마지막 휴게소(Aire de Beau Soleil: 아름다운 태양 휴게소)에 잠시 들러, 아름다운 지중해를 내려다보며 프랑스와 아쉬운 작별을 했다. 고속도로 A10은 말이 고속도로지 터널과 육교로만 되어 있다고 해도 과언이 아니다. 그러니 운전자는 선글라스를 꼈다 벗었다를 반복해야 하고, 오전에 태양을 안고 갈 때는 그 어려움을 표현하기가 어렵다.

성 암펠리오 교회를 보려고 고속도로를 빠져나와 산길을 돌고 돌아, 산 밑 바닷가에 자리 잡고 있는 보르디게라에 내려왔다. 인구 10,000명 정도의 아주 큰 도시인 보르디게라는 겨울이 없다고 할 정도로 햇빛이 좋아서, 특히 여름에는 피서객으로 넘쳐나고 길은 동서로 길게 뻗어 있다. 햇빛을 즐기려는 사람들이 수영복만 입고 거리를 활보하는데, 우리 내비는 더위를 먹었는지 목적지(교회)를 찾아주지 못해 일단 주차할 곳을 찾아서 한참을 헤맨 후 겨우 주차는 했으나, 한 시간만 주차가 가능하다고 쓰여 있다.

주차하려고 이 도시를 하도 빙글빙글 돌아서 방향도 알 수 없고 마음만 급한데, 어떤 신사에게 교회 위치를 물으니 동쪽으로 계속가면 나온다고 알려준다. 그분은 쉬운 것처럼 말했지만, 가도 가도 교회는 나오지 않고 시간은 계속 흐르니, 자동차를 끌어가거나 벌금딱지를 붙일까봐 걱정이 태산이다. 길가에서 화분을 정리하던 아저씨한테 다시 길을 물으니 조금만 가면 된다기에 또 다시 힘을 내어 따가운 햇볕 속을, 주차한 곳과는 정반대 방향으로 걸어간다. 드디어 바다가 보이고 왼쪽에 아주 작은 교회가 보인다. 찾았구나하고 안도의 숨을 내쉬는데, 교회 입구에 의자가 세 개 놓여있다. 저건 무슨 의미일까? 이런 광경을 한 번도 본 적이 없는지라, 광장에서 수다 삼매경에 빠져있는 할아버지들한테 어렵사리 끼어들어, 지금 교회에 들어가도 되느냐고 물었더니 청소 중이라 안 되니 2시 넘어서 다시 오라고 말한다. 아뿔싸! 지금 11시 반인데 이 뙤약볕에 어디 가서 시간을 보내며, 자동차는 또 어떻게 될 것이며, 오늘밤 묵을 숙소 할머니와 세시에 공동묘지 앞에서 만나기로 한 약속을 못 지키게 되면 어떻게 되는 거지? 오만가지 생각으로 머리가 터질 것 같다. 제일 좋은 방법은 '이까짓' 작은 교회는 안 보고 그냥 가는 것이다. 그러나 이 작은 교회를 보려고 이 먼 곳까지 다시 오기는 상당히 어렵겠다 싶어서 청소하는 아주머니한테 사정을 얘기했더니, 처음에는 절대 안 된다고 펄쩍 뛰더니 슬그머니 의자를 치워주면서 얼른 보라고 한다. 오늘 오전에는 프랑스 르 바르 쉬르 루의 교회에서 할머니들 덕분에 '죽음의 무도'를 봤고, 여기서는 이 고마운 아주머니의 너그러운 마음씨 덕을 톡톡히 본다.

제단과 성인 동상

종려나무

교회의 역사

11세기에 보르디게라의 동쪽 바다를 지키는 파수꾼처럼, 정갈한 로마네스크 양식으로 바위 위에 세워진 이 교회는 프로방스에 있는 몽마주르 베네딕토 수도원 소속이었다. 17세기에 들어와 교회가 커지면서 암펠리오 성인의 동상을 세웠고, 유리로 덮여있는 지하무덤에 있는 네모난 돌은 성인이 쓰던 보잘것없는 침대로, 428년 10월 5일 이 침대 위에서 세상을 떠났다.

성인의 유해는 정치적 이해관계 때문에 12세기부터 여기저기로 옮겨 다니다가 1947년에야 보르디게라로 돌아와 성 막달라 마리아 교회에 안치된다(1947.8.16).

교회

밖에서 보는 교회는 정말 작고, 다른 교회의 문에서 흔하게 볼 수 있는 조각 작품하나 없다. 그런데 특이한 것은 문 위에 <DIVO AMPELIO CIVITATIS PATRONO>라고 적혀 있는데 해석해보니 <시민의 수호성인, 신과 같은 암펠리오>라는 뜻이다.

안으로 들어가면 회중석이 보통 가정집의 거실 만한데 제단 뒤에는 성인의 상이 있고, 벽돌을 아름답게 쌓은 모양은 단순하면서도 세월의 흔적을 여기 저기 남기고 있다. 심플한 하얀색 대리석 제단에는 종려나무 이파리를 조각해 놓은 걸로 보아 암펠리오 성인에 대한 사랑과 존경심을 엿볼 수 있다. 제단 앞 바닥에 유리를 통해 보이는 지하묘지에는 성인이 쓰던 돌침대가 있다고 하는데, 내려갈 수 없게 못을 단단히 박아 놨다.

전설

이집트 고원에 있는 테바이드(Thébaïde) 사막에서 은둔 생활을 하던 대장장이 암펠리오가 종려나무 씨앗을 가지고 보르디게라 바닷가에 도착했다. 이 도시가 '종려나무의 여왕'이라는 타이틀을 갖게 된 것은 전적으로 이 성인 덕이라고 할 수 있으니, 그가 보르디게라와 대장장이의 수호성인으로 추앙받고 있는 것도 당연하다 하겠다.

'이까짓' 작은 교회가 아니다

이 교회는 하늘과 바다 사이에서 평온함을 느낄 수 있는 매력적인 장소다.

대도시 중심지의 군중과 떨어져, 바다를 등지고 이 교회를 바라보면 소박한 교회에 왜 끌리는지를 깨닫게 된다. 우리가 간 날 대대적으로 청소를 한 것은 결혼식 때문이라고 아주머니가 말해줬는데, 스무 명 정도의 하객이 들어갈 수 있는 이 교회에서의 결혼식 장면을 상상하니, 가슴 속 깊은 곳에서 기쁨이 가득 차오르는 걸 느끼겠다. 사실 이 교회를 보는 데는 채 십 분이 안 걸릴 수도 있다. 그러나 그 여운은 지금까지도 남아있다는 게 거짓이 아님을 직접 가서 체험해보길 바란다. 성인의 축일(5월14일)에 어부가 제단 뒤에 있는 성인의 동상을 어깨에 메고 시내를 행진하고, 종려나무가 늘어선 길 양쪽으로 환호하는 시민들을 상상해 보는 것도 즐겁다.

정보

보르디게라는 지도에 나오는 큰 도시니까 쉽게 찾아 갈 수 있다. 그런데도 우리 내비가 암펠리오 교회를 찾아주지 못해, 교회의 정 반대쪽에 주차하고 고생을 좀 했다. 성 암펠리오 길(VIA SANT'AMPELIO)을 따라서 동쪽으로 쭉 가면, 오른쪽에 바다가 보이고 왼쪽에 작은 교회가 나온다. 중심가를 벗어난 곳이기 때문에 주차하기도 쉽다.

Info

보르디게라는 Nice 동쪽 45km

San Remo 동쪽 18km

Torino 남쪽 47km

Genova 서쪽 157km에 있다

수도사 매장지

바위 산에
성 미카엘 수도원 <u>Sacra di San Michele, Avigliana</u>

🏛 성 미카엘 수도원은 983년에서 987년 사이에, 해발 962m 피르끼리아노 (Pirchiriano)산 정상 바위 위에 지어진 베네딕토 수도원으로, 움베르토 에코 의 <장미의 이름>의 배경이 된 곳이다. 프랑스의 몽 생 미셸에서 2,000km 에 이르는 순례길이 이 수도원을 지나 예루살렘까지 이어진다. 순례자들이 늘어나면서 세워진 이 수도원은 곧 영성의 중심지이자 풍요한 문화의 교환 장소가 된다. 12세기는 이 수도원이 가장 찬란했던 시기로, 순례객과 귀족 을 위한 숙박 장소이기도 했고, 전 유럽의 문화적 중심지로 부상한다. 그러 다가 사회적·정치적·경제적 어려움이 점점 수도원에 까지 영향을 미쳐 서, 1662년에 그레고리오 15세가 수도원을 폐쇄하기에 이른다. 그 당시 수 도사가 세 명 이었는데, 그중 한 명은 장님이었다 하니 수도원이 얼마나 힘 든 상황이었는지 짐작 할 수 있겠다. 1706년에 토리노의 주교는 베네딕토 2 세 수도원장과 수도사들을 수도원에서 추방한다. 로돌프(Rodolphe de Monbello: 1325~1359) 수도원장이 재임 중에는 화재가 나서 폐허가 되었고 필립 다카이

아(Philippe D'Acaia)에게 매수된 영국군에게 지역 전체가 유린당하게 된다. 그후 프랑스와 스페인 사이에 일어난 전쟁 때문에 다시 한 번 폐허로 변해 방치되다가, 1836년에 까를로 알베르토 왕과 교황이 부탁하여 안토니오 로스미니가 만든 공동체가 지금까지도 수도원의 후원을 하면서 관리를 맡고 있다.

수도원

싸크라는 유럽에서 가장 규모가 큰 로마네스크 양식으로, 종교 건축의 집합체라고 할 수 있는데 그것은 천 년 동안 확장과 재건축을 한 결과라고 할 수 있겠다. 성당과 11세기 옛 수도원 아래 바위 안에 세워진 세 개의 샤뻴이 초기 건물인데 관람은 할 수 없다. 12세기 교회는 회중석이 셋으로 되어 있는데, 초기 독방들과 <죽은 자들의 계단>주위에 있는 건물에 기대어 지어졌다. 훗날 수도원이 군사적 역할을 하게 되고, 1994년 이후에는 피에몬트 지방의 상징이 된다. 이 수도원은 주변 경관도 뛰어나고 사방을 아래로 내려다 볼 수 있어서, 순례객 뿐 아니라 운동을 좋아하는 사람들도 많이 찾는 곳으로, 우리 부부는 2013년 8월과 2018년 8월에 방문했다. 고속도로를 가다가 멀리 산 위에 수도원이 보이는데, 산길을 구불구불 돌아서 한참을 올라가야 주차장이 나온다. 표지판을 보면서 그다지 어렵지 않은 산길을 올라가다 보면 '수도사들의 매장지(Sepulcre des moines)'가 폐허로 남아있는데 11세기 말에 예루살렘에 있는 예수의 묘를 재현하기 위해 만들었다고 한다.

200m쯤 더 위로 올라가 철문이 나오면 오른쪽 가게에서 입장권을 사야 한다. 입구를 들어서면 보이는 것이 바위 왼쪽 높이 세워진 '미카엘 대 천사 상'이다.

미카엘 대천사

교회로 올라가면서…

*죽은 자들의 계단은 교회로 올라가는 가파른 계단인데, 왼쪽에 교회를 떠받치는 18m 기둥이 있고, 오른쪽으로는 초록빛을 띠고 있는 거대한 바위와 아치가 있는데, 옛날에 수도사들의 해골이 있었던 무덤이었기 때문에 '죽은 자들의 계단'이란 이름이 붙여졌고 수 세기 동안의 깊은 침묵이 지배하는 곳이다.

*조디악의 문은 계단을 올라가면 맨 위에 있는 대리석 문으로, 12세기의 유명한 조각가 니꼴라오의 작품이다. 올라가면서 오른쪽 문틀은 조디악을 나타내고, 왼쪽은 다른 성좌를 표현한 것이다. 작은 기둥에는 카인, 아벨, 삼손과 딜라일라 그리고 자기 머리를 쥐어뜯는 여자들, 뱀에게 젖을 먹이는 여자들, 트리튼 그리고 용의 머리와 꼬리를 가진 사자들이 조각되어 있다. (조디악은 '황도십이궁' 즉 12개의 별자리를 말한다)

*교회 내부는 회중석이 셋으로 나뉘어 있고, 12세기에서 13세기에 걸쳐 바위 위에 지었기 때문에 로마네스크와 고딕 양식을 보여준다. 꼬르니쉬에는 가장 중요한 네 명의 예언자(이삭·제레미·에제키엘·다니엘)가 그려져 있고, 그 아래에는 대 천사 가브리엘이 마리아에게 <수태고지>하는 장면이 있다. 후진 벽기둥에는 네 명의 복음사가와 그들의 상징(오른쪽부터 마태오.마르코.루까.요한)이 그려져 있다.

*가장 오래된 성소는 3개의 소 성당으로 구성되어 있는데, 역사가들과 전문가들의 의견으로는 이 수도원에서 가장 오래되고, 가장 성스러운 곳이라는 데 의견을 모으고 있다 한다. 교회 아래로 내려가는 계단이 있는데 관람은 할 수가 없다.

세폭 병풍

　*페라이(Defendente Ferrai: 1490~1540)의 세폭 병풍은 이 수도원에서 가장 보존이 잘된 작품 중의 하나로, 가운데는 젖을 먹이는 마리아, 위쪽에는 마귀를 물리치는 미카엘 대 천사, 오른쪽은 성모 마리아에게 임시 수도원장인 우르반(Urbain de Miolans: 1503~1522 이 작품을 의뢰한 사람)를 소개하는 성 요한 빈센트가 그려져 있다.

　*전설의 프레스코화는 이 수도원을 짓는 전설을 그린 것으로, 성 미카엘에게 봉헌하기 위해 첫 교회를 지을 때 천사들과 비둘기들이 카프라시오산의 대들보를 피르끼리아노 산꼭대기까지 나르는 모습이 그려져 있는데, 가운데는 토리노의 주교 아미쪼네가 아비글리아나에서 교회를 축성하려고 산에 올라와 보니 교회는 이미 천사들이 축성하고 난 후 였다는 이야기이고, 아래는 수사(Susa)에서 출발한 위그가 일행을 이끌고 수도원을 짓기 위해 피르끼리아노산으로 향하는 행렬을 그린 것이다.

　*성모승천을 그린 프레스코화는 이 수도원에서 가장 큰 프레스코화로

1505년에 세콘도 델 보스꼬 다 포이리노(Secondo del Bosco da Poirino)가 그렸는데, 예수의 매장·성모의 죽음 맨위는 성모승천을 나타낸다.

내부를 구경하고 난 후 <수도사들의 문>을 통해 테라스로 나가면 주위를 조망할 수 있다. 넓은 들과 안개에 덮인 산들을 몇 백년 전에는 수도사들이 바라보며 무슨 생각을 했을까? 여기서 보이는 새 수도원 폐허는 12~13세기에 지어진 거대한 수도원의 잔해로 높은 벽, 어마어마한 아치, 당당한 기둥과 총안이 남아있는 5층 건물로 절벽 위에 남아 있다.

아름다운 알다 탑은 수도원에서 약간 떨어져 있는 탑인데, 전설에 의하면 알다는 용병의 무리를 피하려고 탑에서 몸을 던져 무사히 빠져 나온다. 하지만 그녀가 다시 몸을 던지려고 결심했을 때, 이번에는 허영심과 돈에 눈이 멀어 그만 바위 사이에 부딪혀 몸이 부서지고 말았다는 슬픈 이야기가 전해오고 있다.

Info

관람시간: 화~토 9h 30~12h 30, 14h 30~18h

일 9h 30~12h, 14h 30~18h

Sacra di San Michele는 토리노 서쪽 44km,

수사(Susa) 동쪽 51km,

아비글리아나(Avigliana) 서쪽 16km

죽은자들의 계단

조디악의 문

수도원 폐허와 알다 탑

코로나 성지 전경

계곡에 생겨난 성지 Santuario Madonna della Corona

⛪ 1139년부터 바위와 계곡 사이에 명상과 침묵의 장소를 마련한 곳이 바로 이 '코로나 성지'이다. 1974년 교회가 부분적으로 무너져 보수한 후 오늘에 이르고 있는데, 지리적으로 너무나 열악한 곳에 자리 잡고 있다. 산과 산 사이에 강이 흐르면서 계곡이 깊어져 절벽이 생겼는데 한쪽 절벽 바위에 기대어 바실리크를 지었고, 밀려드는 순례객을 위한 숙박시설까지 갖추고 있다. 바위 동굴을 지나 성당 입구에는 카페도 있어서 주변 경관을 감상하기에 좋다. 넓은 계단을 통해 올라가면 작은 성당이 나오는데, 입구로 들어가면 제단 뒤에 가시로 둘러싸인 피에타 상과 다섯 천사를 볼 수 있다. 라파엘레 보넨테(Raffaele Bonente)의 작품인데 '아름답다'는 생각보다 '산만하다'는 인상을 받은 내가 이상한지⋯ 제단 앞에 있는 세 개의 조각은 <탄생>, <십자가>, <성령 강림>을 의미한다. 오른쪽 벽에는 봉헌물들(1547년 Verona의 Adige강에서 익사 직전에 기적적으로 구출된 여인의 삶을 그린 167개의 그림들)이 걸려 있고 왼쪽은 바위를 그대로 벽으로 사용하고 있다. 큰 바위에 기대어 지어 놨기 때문에 위험해 보이기는 하지만 멀리서 보면 참으로 아름다운 곳에 자리 잡고 있는 성지라

고 할 수 있다. 1988년 4월 17일에 요한 바오로 2세 교황께서 이 성지를 방문했다고 쓰여 있다.

성스러운 계단(Scala Santa)은 '기도하면서 무릎으로 기어 올라가라'고 쓰여 있는데, 사실 우리 나이에 그렇게 했다가는 무릎이 절단나고 말 것이 뻔하니 우리는 과감하게 올라가는 것을 포기했다. 그런데 오른쪽에 노약자가 이용하는 계단을 숨겨 놓았다. 우리는 노약자니까 당당하게 그 계단으로 올라가 보니 교회 위에 또 다른 교회와 자료실 등이 있다.

정보

스피아찌에 가면 넓은 주차장이 있고, 거기서부터 성지만 왔다 갔다하는 미니버스가 있다. 여기 저기 살펴보면 시간표가 붙어 있는데 약 30분 간격으로 운행된다. 천천히 걸어 내려가도 20분쯤 걸리고, '십자가의 길'이 라파엘레 보넨테의 솜씨로 잘 조성되어 있어서 의미있는 산책이 되겠으나, 올라올 때는 경사가 심하니 버스를 타는 게 좋겠다. 버스 기사가 운전을 거의 '묘기' 부리듯 해서 우리 모두 눈이 휘둥그레졌던 기억이 난다.

Info

성지 개방 시간: 7h~19h 30

Spiazzi(37013)는 Verona 북서쪽 45km

Rovereto(38068) 남서쪽 65km에 있다.

라파엘레 보넨테의 작품

교회의 한쪽 벽은 바위

십자가의 길 14처

은둔처 정면

둘이서 미사를

Eremo Pietra di Bismantova, Castelnovo ne' monti

정보

카스텔노보 네몬티(Castelnovo ne'Monti)는 인구가 10,000명이 넘는 큰 도시이다. 그곳에 가면 교차로마다 갈색으로 피에트라 디 비스만토바라고 쓰여 있는 표지판이 나온다.그 표지판만 보면서 끝까지 가면 바위 산 아래 큰 주차장이 나오고, 거기서부터 계단으로 0.5km 정도 올라가면 에레모가 나온다. 비스만토바 산은 암벽 등반하는 사람들이 많이 찾는 곳이기도 하다.

은둔처

이 은둔처는 비스만토바 산 바위 밑에 있는 작은 동굴 교회이다. 9시 10분 쯤 에레모에 도착해보니 교회 문이 닫혀 있어서, 아래에 있는 카페에 가서 차를 마시다 보니 하얀 자동차가 한 대 올라간다. 아마도 관리하는 분이 조금 늦은 듯하다. 커피를 마시며 종업원 아가씨에게 내가 한국에서 왔다고

에레모 가는 계단과 바위 산　　　　　아기 안은 성모

하니 "안녕하세요"하며 K-Pop을 잘 알고 좋아한다고 해서 깜짝 놀랐다. 이런 산중에도 한국어를 몇 마디 할 줄 아는 아가씨가 있다니 놀라웠다.

　　교회에 들어선 순간, 옛날 은자들이 얼마나 많은 시간과 공을 들여 바위에 굴을 파고 살다가 이런 아름다운 성소를 마련하게 됐을까 생각하니, 벽을 장식하고 있는 돌 하나에도 애정이 간다. 회중석은 한 개로 되어 있고 양쪽에 작은 샤뻴이 하나씩 있다. 제단에는 아기 예수를 안고 있는 성모 마리아 그림이 있고, 제단 왼쪽 귀퉁이에는 작은 십자가가 놓여 있다. 신자들이 앉는 의자는 두 줄로 놓여 있는데, 의자 위에 기증자의 이름이 금속판에 새겨져 붙어 있다. 천장은 아주 심플하고 깨끗하게 아치로 되어 있다. 서쪽으로는 위 아래로 창문이 두 개씩 나 있는데, 동쪽은 다른 건물과 연결된 관계로 창이 한 개도 없다.

우리가 열심히 사진을 찍고 있는 동안, 한 무리의 외국인들이 들어 왔다 가고 아주 연로하신 신사분만 남아서 묵상을 오래 오래하더니, 제단 왼쪽 방으로 들어간다. 이 교회하고 관계가 깊은 분인가 보다 생각하고 있는데, 사제복으로 갈아입고 나와 늙은 복사와 미사를 집전하기 시작한다. '이런! 큰일 났네. 이건 우리 예정에 없던 일인데… 이탈리아 말도 전혀 모르고, 다른 사람이라도 있으면 앉았다 일어 섰다를 남들 보고 따라할 텐데…'

달랑 우리 둘이서 미사를 하게 되었다. 우리가 없으면 신부님과 늙은 복사, 이렇게 둘이서 주거니 받거니 미사를 할 뻔 했다. 신부님은 어찌나 연로하신지 지팡이를 짚고서도 복사의 도움을 받아야 의자에 앉고, 서고, 계단을 내려올 수 있다. 성경은 불이 켜지는 확대경을 대고 읽는다. 저런 모습은 나를 슬프게 한다. 미사가 끝나고 늙은 복사가 일부러 우리한테 오더니 고맙다고, 통일을 위해 기도하겠다고 하며 악수를 청한다. 외모와 상관없이 참 멋진 사람이구나, 마음이 열려 있구나 생각했다.

Info

Castelnovo ne'Monti는 Parma 남쪽 58km

La Spezia 북동쪽 88km

Modena 남서쪽 67km에 있다.

프란치스코 성인과 아이

프란치스코 성인과 오상

La Verna

라 베르나는 페나 산맥 속 성지로 수많은 순례객들이 끊임없이 방문하는 곳으로 유명하다. 1213년 라 베르나의 공작 올란도(Orlando)가 프란치스코 성인의 설교에 감명을 받아 이 산을 성인에게 기증했다. 성인은 이곳에서 오상을 받았고 공작의 도움을 받아 바실리크, 교회 그리고 여러개의 샤뻴을 지었다.

성지 가는 길

비비에나쪽에서 가든 피에베 산 스테파노쪽에서 가든, 라 베르나(La Verna)라고 쓰인 표지판을 보면서 산으로 올라가기만 하면 되는데 길이 그다지 험하지도 않아서 운전하기에 어렵지는 않다. 주차장에서부터 너도밤나무 숲을 따라 죽 걸어가다 보면, '프란치스코 성인과 아이' 동상이 왼쪽에 서 있다. 매를 팔려고 하는 아이에게 날려 보내는 게 어떠냐고 묻는 내용이다. 돌이 깔린 길을 더 가다보면 넓은 광장이 나오는데, 한 구석에 나무 십자가가 있고 바실리크와 종탑이 붙어 있다. 이 광장은 돌로 포장되어 있고 난간도

Beccia

돌로 둘러져 있는데 이름이 <문자판 광장>이다. 바실리크의 종탑 벽에 해시계가 있기 때문에 붙여진 이름이다.

한쪽 구석에는 수도사와 순례객들이 마셨던 16세기 우물이 있다.

La Beccia 옛날 수도원입구

옛날에 마차꾼들이 자갈이 깔린 경사진 길을 숨을 헐떡이며 올라오면, 작은 움막이 있고 긴 의자가 양쪽에 있어서 거기서 쉴 수 있었다. 그 문 위에 '여기보다 더 성스러운 산은 없다(No est in toto sanctior orbe mons)'라고 새겨 있는데, 이 메시지에는 걸어서 올라온 이들의 노고에 보답하고 존중하며 따뜻하게 맞이한다는 깊은 의미가 있다고 하며 왼쪽 벽에는 단테의 3행시가 새겨져 있는데 '신곡' 중 '천국' 편에 나오는 구절이다.

라 베키아쪽에서 아래로 내려가면 '새들의 샤뻴'이 있다. 프란치스코 성인이 라 베르나를 처음 찾았을 때 새들이 그를 반겼다고 해서 1602년에 세운 것인데, 쇠창살 사이로 성인과 새들을 볼 수 있다.

천사의 성모 마리아 교회 Santa Maria degli Angeli

처음에 수도사들이 살았던 곳에 올란도 까따니 백작은 나뭇가지와 널빤지로 오두막을 짓게 했는데 후에 돌로 된 검소한 교회로 변했다. 마리아가 나타나 장소와 크기까지 일러줘서 프란치스코가 짓게 했다고 한다. 밀려드는 순례객을 위해 1250년부터 짓기 시작했는데, 아씨시의 '천사 마리아 교회'에서 보았던 뽀르띠웅꿀레처럼 규모가 작다. 제단 앞에 있는 돌은 백작이 묻힌 곳이다.

교회 안에 안드레아 델라 로비아(Andrea della Robbia: 1435~1528)가 돌을 구워 법랑을 입혀 제작한 '성모 승천'은 세 부분으로 나뉘는데, 맨 위에는 경배하는 두 천사에게 둘러싸인 하느님, 가운데 장면은 죽어서도 썩지 않고 구원받은 마리아가 날개 부러진 네 천사와 아기들에 둘러쌓여 하늘로 올라가 그리스도의 부활을 회의적인 눈길로 바라봤던 토마스에게 자신의 허리띠를 내려 줌으로써 신앙의 길이 완성된다. 손에 십자가를 든 프란치스코, 천사로 장식된 법의를 입은 보나벤투라, 귀 옆에 비둘기가 있는 성 그레고리도 마리아를 바라보고 있다. 맨 아래 네 천사는 감실을 바라보고 있는데, 이는 하늘에서 내려온 살아있는 빵, 영원한 생명인 빵으로 우리를 초대하는 의미이다. 그 외에도 '예수 탄생', '십자가에서 내려짐' 등이 있다. 다른 교회나 수도원과는 다르게 여기 라 베르나에는 프레스코화 대신에 법랑을 구워 만든 작품이 많은데, 그 이유는 이곳이 몹시 습하기 때문이다.

바실리크와 종탑 Basilica E Campanile

종탑은 1486년에 어떤 부부의 후원으로 짓기 시작했는데, 자금 부족으로

성인의 유품들로 가운데는 성인의 피 | 프란치스코 성인이 입던 튜닉

바실리크와 종탑

한 세기 반이 지난 1509년에야 완성되었다. 15세기에 키우시(Chiusi)의 성이 방치되어 있어서, 거기서 돌을 빼다가 바실리크와 종탑을 짓는데 사용했다. 바실리크는 회중석이 하나인데, 이것은 프란치스코회의 건축 기준에 합당하게 지은 것이라고 한다. 천장의 두 번째 교차궁륭은 베네데토 부글리오니(Benedetto Buglioni: 1459~1521)의 작품인데, 1495년에 꽃잎과 과일로 장식하여 만들었다. 목을 땄는데도 살아서 서 있는 부활절 양은, 그리스도의 죽음과 부활을 상징하는 십자가가 그려진 프랑스 왕의 깃발을 들고 있다.

유품 샤뻴에는 아주 귀중한 보물들이 보관되어 있는데, 성인이 쓰던 냅킨, 나무 잔, 올란도 백작 집에서 사용했던 유리 잔, 작은 철 사슬로 된 채찍, 지팡이 그리고 올란도 백작 소유였던 금빛 섬유로 된 허리띠가 있고 가운데 구리로 만든 성물함에는 섬유에 스며든 <성인의 피>가 들어 있다.

1224년 9월, 성인이 여기 라 베르나에서 '오상'을 받았던 당시에 입었던 거친 모직으로 짠 옷도 보관되어 있다. 큰 축일에는 <성인의 피>를 들고 '오상 샤뻴'까지 행진을 한다.

예수 탄생 샤뻴(chapelle de la Nativité)에는 1479년에 피에베 산 스테파노에 사는 브리찌(Brizzi)가문의 후원으로 안드레아 델라 로비아의 걸작 '예수 탄생'이 설치되는데: 무릎을 꿇은 마리아가 풀 섶 위에 누워있는 아기를 바라본다. 모든 하늘(하느님 아버지. 천사들 그리고 성령)이 '말씀이 이루어져' 즐거워하며 바라본다. 마리아의 얼굴 위에 표현된 어머니의 무한한 감동은 하느님 아버지와 천사들의 황홀한 얼굴과 완벽한 조화를 이룬다. 아이의 시선만이 딴 데를 보고 있으니, 바로 '우리'를 바라보고 있는 것이다. 우리 인간의 구원을 위하여 그가 하늘에서 내려온 걸 표현한 것이다. 아래에는 <말씀이 마리아에게 이루어졌다>라는 글귀가 새겨져 있고 '동방 박사의 경배', '예수 승천', '수태고지' 등이 있다

<table>
<tr><td>막달라 마리아 샤뻴</td><td>떨어진 돌</td></tr>
</table>

막달라 마리아 샤뻴		

막달라 마리아 샤뻴 Cappella della Maddalena

떨어진 돌(sasso spicco)로 가는 계단을 내려가다 오른쪽에 있는데, 주님에 대한 사랑과 회개하는 일생을 모범적으로 살았던 막달라 마리아의 동상이 제단 뒤 벽에 움푹 들어가 있다. 소박하고 보잘 것 없는 건축이 오히려 침묵의 순간에 그녀가 신과 나눈 친밀한 대화를 생각나게 한다. 프란치스코가 항상 초라한 식사를 했던 돌판이 제단 위 유리 밑에 들어가 있는데, 어느 날 기도 중에 주님이 그에게 나타났다. 그 후 프란치스코는 레온 형제를 불러 "이 돌을 물로 씻어라. 포도주·기름·우유 그리고 향유로 씻어라. 왜냐하면 예수 그리스도께서 이 위에 앉으셨느니라."라고 했던 그 돌이다. 몇 세기 동안 숭배의 대상이 되어오다가, 1719년에 제단 위에 끼워 넣었다고 한다.

떨어진 돌 Sasso Spicco

수백 년 된 너도밤나무들과 큰 바위들이 서로 기대어 지탱하고 있는 이 장소는 아주 습하고 이끼가 많이 끼어 있다. 나무 십자가가 바위에 기대 있는 이 동굴이 프란치스코가 그리스도의 수난을 묵상했던 곳이다. 그가 은신했던 이 구불구불한 동굴은, 그에게는 마치 구세주의 고통과 상처로 생각되었다고 하는데 깊이 들어가 위를 쳐다보면 바위가 금방이라도 떨어질 것처럼 보여서 '떨어진 돌'이라는 이름이 붙여진 것이다.

피에타 샤뻴 capella della Pieta

'오상의 복도' 입구에 몬떼 도글리오(Monte doglio: 페루지아에 있는 지명) 백작들이 낸 헌금으로 산티 부글리오니(Santi Buglioni: 1494~1576)와 지오반니 델라 로비아(Giovanni della Robbia: 1469~1529)가 공동 작업하여 만든 작품인데, 지오반니는 안드레아 델라 로비아의 아들이니 로비아 부자가 라 베르나에 많은 작품을 남긴 것이다. 십자가 위에는 해와 달이 울고 있고, 성모 마리아는 생명이 없는 아들을 무릎에 뉘어놓고 있다. 요한과 막달라 마리아가 양쪽에서 붙들고 있고, 뒤에는 프란치스코 성인·미카엘 대천사·파도바의 안토니오 성인 그리고 제롬 성인이 슬퍼하고 있다. 아래 부분에는 후원해 준 가문의 문장과 '수태고지', '예수탄생' 그리고 '동방 박사의 경배'가 그려져 있는데 이 작품은 1944년 폭격으로 약간의 화를 입었다.

오상의 회랑 Corrido delle Stimmate

지금은 '오상 샤뻴'까지 회랑으로 되어있지만, 옛날에는 왼쪽에 벽이 없었다. 매일 아침·저녁으로 수도사들이 '오상 샤뻴'까지 거룩한 행렬을 하는데, 어느 겨울 밤 눈보라가 너무 심해서 행렬을 못하게 되었다. 그 다음 날 일어나보니 숲에 사는 동물들이 형제들을 대신해서 행렬을 한 흔적이 눈 위에 나 있었다. 그리하여 1578~1582년에 23개의 기둥을 세우고 유리창을 끼워서 비바람을 피할 수 있게 만들었다. 오른쪽 벽에 있는 21점의 그림은 라베르나에서의 프란치스코의 생애를 그린 것인데, 습기와 악천후로 손상이 심해서 여러 번 보수를 했고, 회랑 끝에 있는 3점만이 초기 작품이다.

프란치스코 성인이 썼던 침대 Letto di S. Francesco

'오상의 회랑'을 가다가 오른쪽 가운데쯤에 장식 못이 박힌 문이 있다. 계단을 내려가면 프란치스코가 이용했고, 또한 자기 친구인 당나귀를 쉬게 해줬던 돌침대가 있다. 철 그물은 무례한 신앙심으로 인해 순례자들이 기적을 바라면서 돌을 뜯어가는 행위를 막기 위해 쳐 놓은 것이다.

십자가 샤뻴 cappella della Croce

1224년에 지어서 프란치스코가 두 번째 살았던 독방으로, 더욱 깊은 고독 속에 살며 레온 형제만이 때때로 그를 보러 올 수 있었다.

오상의 회랑

오상 샤뻴 cappella delle Stimmate

샤뻴에 들어가기 전, 문 왼쪽에 오상을 받는 광경을 새긴 13세기 부조가 있다. 세라핌의 강력한 날개가 그리스도의 몸을 덮고 있고, 프란치스코는 무릎을 꿇은 채 은총을 받기 위해 두 손을 벌리고 있는 모습이다.

프란치스코는 죽기 2년 전 미카엘 대천사에게 경의를 표하기 위해 사순절을 준비하면서 라 베르나까지 올라오게 된다. 어느 날 아침(9월 14일) 그가 산비탈에 서 있는데, 불처럼 빛나는 여섯 개 날개를 가진 세라핌이 하늘 높은 곳에서 아주 빠르게 날아왔다. 날개 사이에 손과 발이 십자가에 묶인 채 늘어져 있는 형상이 나타났다. 이 환영을 본 후로 프란치스코는 깊은 감동과 슬픔 그리고 벅찬 기쁨에 잠기게 된다. 그에게 놀라운 열정을 남기고 환영이 사라진 후, 손과 발에 환영에서 본 것과 똑같은 못 자국이 나타났다. 손바닥과 발등에는 못대가리가 뚫고 들어간 흔적이 보이고, 오른쪽 갈비뼈는 창으로 찔려 상처가 붉게 열려있고, 피가 끊임없이 흘러 속옷과 튜닉까지 적셨다.

제단 앞 바닥에는 붉은 대리석으로 된 육각형 틀이 있고, 그 위에 불이 켜져 있는데 이곳이 바로 프란치스코 성인이 오상을 받은 장소다.

제단 뒤 장식 그림은 안드레아 델라 로비아의 대작(1481)으로, 꽃과 어린 천사 23명이 두 겹으로 둘러싸고 있고, 여러 번 매듭을 진 프란치스코회의 끈으로 경계를 만들었다. 가운데 수난의 장면은 고통으로 역력하고, <INRI> 위에 펠리칸은 가슴이 뚫려있다. 자기 살을 뜯어 새끼들을 먹이기 위해서인데, 그리스도가 우리를 위해 희생한 것을 상징하는 것이다. 슬픔에 잠긴 태양은 고통으로 찌푸린 빛을 던지고, 달은 위로할 길 없는 비탄의 비명을 지르고 있다. 예수의 몸은 이미 죽음의 색깔을 띠고 있고, 네 무리의 천

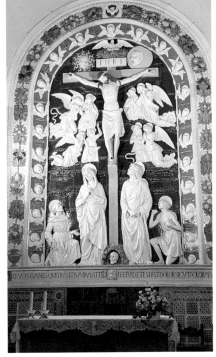

프란치스코가 오상을 받은 곳 　　　　　오상 샤뻴 제단 장식

사들은 슬픔에 부들거리고 있다. 프란치스코 성인 · 성모 마리아 · 성 요한 그리고 제롬 성인이 자신들을 위해 죽은 이를 묵상하며 슬퍼하고 있다. 십자가 밑에 있는 아담의 두개골은 아주 상징적인데, 그리스도가 수난을 당한 그 장소에 묻힘으로써 구세주의 피가 그를 용서하고 인류애가 다시 살아난다는 것을 상징한다고 한다. 맨 아래 양쪽에는 후원자들의 문장이 있고, 가운데는 아름다운 예수가 가시관을 쓰고있다. 라틴어로 된 문구는 "길(십자가)을 스쳐 지나가는 너희 모두는 유심히 보아라. 너희 고통이 나의 고통에 비길 수 있는지를"이라고 해석된다.

1532년에 호두나무로 제작한 의자가 양쪽으로 놓여 있는데 어찌나 고풍스럽고 아름다운지.

이 샤뻴은 라 베르나에서 가장 성스러운 곳이기에 바닥에 엎드려 일어날 줄 모르고 기도하는 사람들을 쉽게 볼 수 있다.

보나벤투라 샤뻴 Cappella di S. Bonaventura

'오상 샤뻴' 바로 왼쪽에 아주 좁고 낮은 계단을 머리를 낮추고 내려가면, 1259년에 보나벤투라(1221~1274.7.15: 철학자. 수도사)가 만든 독방이 있다. 그가 이 독방에서 자신의 걸작<신에 이르는 마음의 여로(ITINERARIUM MENTIS IN DEUM)>를 집필했다. 이 샤뻴은 '오상'의 기적의 증인인 바위를 파내고 만들어져서 양쪽 의자에는 겨우 서너 명이 앉을 수 있다.

몇 년 전에 한 서양 신부와 젊은 부부가 이 샤뻴로 들어가기에, 엉겁결에 따라 들어가서 네 명이 미사를 한 적이 있었다. 샤뻴이 어찌나 예쁜지 그 감동을 잊을 수가 없어서, 이번(2018년 8월)에 가서 보니 출입을 금하는 새끼줄이 떡하니 걸려있다. 너무나 보고 싶어서 그 다음 날도 샤뻴 앞에서 차마 발길을 돌리지 못하고 서성거리고 있는데, 봉사하는 분이 여기 저기 초를 나르고 있었다. 딱 5분만 들어가게 해 줄 수 있냐고 했더니 세상에나! 새끼줄을 걷고 전기까지 켜주신다. 다시 봐도 예전과 변함이 없이 조촐하고 아름답다. 화려한 샤뻴도 물론 좋지만, 나는 라 베르나에서 가장 아름다운 샤뻴로 이 보나벤투라를 꼽는다.

성 안토니오의 기도실 Oratorio di S. Antonio

'오상 샤뻴'에서 나오면 오른쪽에 파도바의 성인 안토니오의 기도실이 있다. 기적을 행하는 성인으로 유명한 그가 1231년 6월 13일부터 라 베르나에

보나벤투라 샤뻴 내부   레오나르도 피사노가 선물한 종

머물렀다고 한다. 아주 소박하고 심플한 제단은 1780년에 만들었고, 그의
동상은 20세기에 만들었다.

절벽 Precipizio

악마가 프란치스코를 무시무시한 바위에서 떨어뜨리려고 할 때, 기적적
으로 바위가 패이면서 그를 안전하게 받아줬다고 하는 높은 절벽으로, 이
절벽 위에 많은 샤뻴이 지어졌다.

지금은 철조망을 쳐 놓아서 위험하지 않고, 아름다운 주변 경관을 감상할
수 있다.

라 베르나는 2010년 7월 16일에 처음 갔는데, 너무 인상적이어서 그 다음

날 다시 갔다. 이번(2018년)에는 아예 거기서 3박을 하면서 느긋하게 본 곳을 또 보고, 미진한 것이 있으면 또 가서 보느라고 사실 3박도 부족한 편이었다. 성지 식당은 한번 자리가 정해지면 떠날 때까지 자리가 바뀌지 않고, 거기에 이름표도 붙여 놓기 때문에 꼭 제자리를 찾아서 앉아야 된다. 둘째 날 동양 남자 두 명이 바로 우리 옆자리에 앉게 되었는데 가만히 들어보니 한국말을 쓰는 거였다. 반가워서 말을 해보니 수도사는 안식년을 보내고 있는 신부였고, 학생은 재미 교포인데 신부님이 초대해서 며칠간 방문한 거라고 한다. 한국 사람들이 여기서 숙박까지 하는 경우는 처음 봤다고 대단히 놀라워하신다. 신부님의 안내로 미켈란젤로의 생가도 가보고, 아무나 볼 수 없다는 바위(프란치스코 성인이 근심을 해소했던 장소)도 구경할 수 있었다. 여행지에서 동포를 만나도 반가워하지 않는 요즘 세상에 우리 부부에게 호의를 베풀어주신 베드로 신부님께 감사드릴 뿐이다.

Info

성지 주소: Via del Santuario della Verna 45520

10 chiusi della Verna AR. Italy

La Verna는 Arezzo 북쪽 44km

Pieve S. Stefano 북서쪽 23km

Bibbiena 동쪽 25km에 있다.

오상 샤뻴 입구 위 부조

프란치스코의 돌침대

프란치스코 성인이 즐겨 찾던 바위

절벽

몬테 올리베토 마죠레 수도원 전경

고성 베네딕토
수도원 본원 Abbazia di Monte Oliveto Maggiore

🏛 몬테 올리베토 마죠레 수도원은 1313년에 붉은 벽돌로 지은 고딕 양식의 수도원으로 우리나라 고성에 있는 베네딕토 수도원의 본원이다. 1426~1443 년에 완성된 경내 정원은 네 벽면에 베네딕토 성인의 일생을 그린 프레스코 화로 장식되어 있는데, 카트로센토(Quattrocento: 15세기 이탈리아 예술 운동)의 가장 중요하고, 가장 아름다운 증거물로 남아있다. 2층 도서관으로 올라가는 층 계참에는 '왕관을 쓰는 성모'가 있고, 도서관 문은 쪽배 붙임으로 되어 있는 데, 조각이 대단히 섬세하다. 우리가 직원에게 정중하게 부탁했더니, 열려 있던 문을 사진 찍으라면서 닫아준다.

수도원 가는 길

수도원을 찾아 갈 때는 아씨아노(Asciano)를 향해 가다가 '아바지아 디 몬테 올리베또 마죠레'라는 녹색 표지판을 보면서 가면 된다. 주차장에서 수도원 까지는 약간 멀긴 하지만, 아름드리 나무사이로 길이 잘 만들어져 있어서

왕관을 쓰는 성모   섬세한 도서관 문의 조각

걷기에 좋고, 표지판을 보면서 천천히 가다보면 하얀색 베네딕토 성인 동상
앞에 닿게 된다.

프레스코화 36점

프레스코화를 감상할 때는 동쪽 일 소도마(1477~1549.2.14)의 작품부터 보
는 것이 순서에 맞다. 일 소도마의 작품은 동쪽에 11점, 남쪽에 8점, 북
쪽에 1점, 서쪽에 6점이 있고, 베네딕토 성인이 몬테 까시노 수도원이 파
괴될 거라고 예언하는 장면 등 27점이 있으며, 루까 시뇨렐리(Luca Signorelli:
1450~1523.10.16)의 작품은 북쪽에 9점이 있다.

그림의 내용은 처음에 베네딕토가 집을 떠나 로마로 공부하러 가는 장면
으로 시작해서, 베네딕토 성인이 세운 몬테 까시노(Monte Cassino)수도원을

플로렌쪼가 수도원에 창녀들을 보내는 장면

수도원 건립계획을 설명하는 장면

베네딕토와 또띨라

로마로 가는 베네딕토

황폐화시킨 또띨라(Totila: 516~552.7.1)를 용서하고 환영하는 장면으로 끝난다. 물론 베네딕토 성인에 대한 에피소드가 다채롭게 소개되어 있다.

또띨라는 누구인가?

또띨라는 동고트 왕으로 군사적 · 정치적인 지략이 뛰어났다고 하며, 동로마 제국과 싸워서 남부 이탈리아 · 시실리 · 사르데냐 · 코르시카를 정복했으나, 552년 타기나에서 동로마 제국의 나르세스 장군에게 패사했다. 어느 날 또띨라가 베네딕토를 시험하기 위해 자신의 병사를 변장시켜 성인을 알현하게 했다. 성인이 그것을 알아채고 야단을 치자 그 병사는 그 자리에서 죽었다는 얘기가 전해져 오고 있다. 또띨라는 '불멸의'라는 뜻이다.

Info

수도원 주소: Monte Oliveto Maggiore 53041 Asciano SI, Italy

개방 시간은 9h 15~12h, 15h 15~18h이고 입장은 무료다.

Asciano는 Siena 동쪽 29km

Arezzo 남서쪽 45km

Perugia 서쪽 83km에 있다.

루피노 대성당 정면

놓치기 쉬운 아씨시의 진수

2007년 여름에 처음으로 아씨시에 간 뒤, 우리 부부는 네 번 더 그곳을 방문하게 되었다. 프란치스코 성인이나 클라라 성녀와 떼놓을 수 없는 마을이고, 잘 보존된 중세 마을이라 어느 골목에 가도 그저 감탄이 나오는 곳이 바로 아씨시다. 네 번, 다섯 번 가도 변함이 없는 마을이 있는가 하면, 아씨시는 두 번째 가니까 마을 입구에 지하 주차장을 만들어 놓고, 주차비도 좀 비싸다는 인상을 주더니, 올해(2018년) 프란치스코 성당에 가보니 무장한 군인이 촘촘히 서서 위아래를 훑어보니, 경건함 보다는 두려움이 더 컸다. 지하에 있는 프란치스코 성인의 무덤에도 옛날에는 창살을 붙들고 기도하는 사람도 있고, 가족사진을 창 살 안에 던져 넣기도 하면서 간절하게 기도하던 모습은 사라지고, 모두 가장자리 의자에 앉아서 무덤 쪽을 바라보고 있었다.

여기서는 알려지지 않은 작지만 감동을 주는 성소들을 소개하고자 한다.

천사의 산타 마리아 성당 Basilica di S. Maria degli Angeli

이 성당은 아씨시에서 6km 떨어져 있는데, 1569년에 라 뽀르띠웅꿀레와

portioncule 제단 뒤 장식병풍   프란치스코 성인이 죽은 장소

레 트란지투스 주변에 바로크 양식으로 지어졌고, 유명한 치마부에가 프란치스코 성인을 그린 그림이 있다.

　*라 뽀르띠웅꿀레(La Porziuncola)는 천사들이 나타난 곳으로 알려져 있는데, 바실리크로 들어가자마자 정면으로 보인다. 1209년에 프란치스코 성인이 수리하여 그를 따르던 제자들과 살던 곳으로, 1393년 비테르보 신부가 그린 아름다운 장식 병풍이 제단 뒤를 장식하고 있다.

　*레 트란지투스(Le Transitus)는 라 뽀르띠웅꿀레 바로 뒤에 있는데, 원래는 초기 수도원 의무실이었다고 하며 1226년 프란치스코 성인이 영면한 곳이다. 안드레아 델라 로비아가 제작한 성인의 동상이 있다.

*장미 샤뻴은 온통 프레스코화로 장식되어 있고, 창살 안에는 십자가를 보며 기도하는 성인의 상이 있다.

리보토르토 성지 Santuario di Rivotorto

아씨시 시내에서 동쪽으로 5km 떨어져 있는 '리보토르토 성지'는 프란치스코와 제자들이 1209~1211년까지 살았던 움막이 있는 교회로, 현관 위에 '여기서 수도사들이 계율에 따라 살아가도다'라고 쓰여 있다. 초기 제자 9명이 탁발하면서 수행 정진한 곳으로, 움막 안에는 누워있는 성인의 상이 있다. 1209년에 첫 번째 규율에 관한 책이 이곳에서 집필되었고 이노센트 3세 교황이 이곳을 수도원으로 인정하게 되었다.

루피노 대성당 Cattedrale di S. Rufino

아씨시 중심에 있는 루피노 대 성당은 1140년에 지오바니 데 구비오가 지은 고상한 로마네스크 양식이다. 프란치스코가 기도하던 장소인 지하 무덤에는 엄청난 보물들이 보관되어 있는데 그중에 238년에 순교한 아씨시의 첫 주교 루피노의 유해가 담겨있는 대리석 관은, 두 마리 말이 끄는 마차 등 정교한 솜씨가 오랫동안 우리 시선을 붙잡았다.

성 스테파노 교회 Chiesa di S. Stefano

아씨시 시내에 있는 교회지만, 사람들이 많이 찾지 않는 작은 교회이다.

성 스테파노 샤뻴의 후진

특이한 고해실

루피노 성인의 대리석 관

12세기에 로마네스크 양식으로 지은 교회로 아름답고 검소한 내부와 반원형으로 되어 있는 후진이 소박하면서 예쁘다. 스테파노 성인의 고통과 죽음을 생각하며 종이 눈물을 흘렸다고 하는 전설이 내려오고 있는 종탑도 조촐하기만 하다. 마침 일요일 미사가 시작되어 들어가 보니, 신자는 우리까지 15명인데 제단 위에 올라가 있는 사람은 신부 포함해서 6명이다. 헌금 바구니가 돌아다니는데 슬쩍 보니 모두 동전뿐이다.

미사 후 내부를 찬찬히 살펴보니, 회중석은 하나로 되어 있고 특이한 고해실·스테파노 동상·프레스코화가 눈에 띤다.

성 지아코모 교회 Chiesa San Giacomo de Muro Rupto

성 지아코모 교회는 아씨시 시내에 있는 아주 작은 교회인데, 1088년에 로마네스크 양식으로 지어졌다. 이 교회는 주의 깊게 살펴봐야 문이 보이고 초인종을 눌러야 문을 열어준다. 돌로 된 벽과 15세기 프레스코화, 소박한 제단이 참으로 아름답다. 비록 작지만 오래된 정원까지 갖추고 있는 이 교회가, 아씨시에서 내가 가장 사랑하는 장소이다. 초인종을 누르면 무슨 일로 왔느냐고 묻는데, 교회를 보고 싶어 왔다고 하면 문을 열어준다. 이렇게 하는 것이 번거롭긴 하지만 교회에 들어서는 순간 모든 수고를 잊게 만든다.

성 지아코모 교회 내부

까르세리 전경

프란치스코 성인의 동굴과 침대

까르세리 은둔처 Eremo delle Carceri

시내에서 북동쪽으로 4km 떨어져있는 수바시오산에 조성된 성지인데, '까르세리'는 '외딴 감옥'이라는 뜻으로 프란치스코와 제자들이 세상과 떨어져 오직 명상과 수행에 정진했던 곳(해발 800m)이다. 12세기에 지은 검소하면서 감동을 주는 '성모 샤뻴'에는 '성모와 아기예수' 프레스코화가 있고, 씨에나의 성인 베르나르댕(Bernardin)이 머물렀던 샤뻴에는 개인식당에 식탁이 조촐하게 남아있다. 프란치스코가 기도와 명상으로 말년을 보냈던 동굴에는 그가 썼던 돌침대가 놓여있고, 마당에는 그의 기도로 물이 솟았다는 우물이 있다. 이 성지에서는 항상 머리를 낮추고 다닐 수 밖에 없는 것이, 문과 계단은 몹시 좁고 천장은 낮기 때문이다.

제자들이 살았다는 동굴을 지나, 돌로 된 아치를 건너 숲길을 걷다보면, 성인이 설교했던 연단과 작은 교회를 볼 수 있다.

이 성지는 하루 종일이라도 보낼 수 있는 곳이라고 생각된다. 프란치스코 성인도 보았을 나무들, 시냇물, 돌, 성인이 사랑했던 타우(T), 이 모두가 큰 감동을 선사할 것이다.

참고로 성지 개방은 8시 반부터 19시까지이다.

성 다미아노 San Damiano

시내에서 2km정도 거리에 있는 수도원으로 프란치스코회의 기원을 생각할 때 가장 성스러운 장소 중의 한 곳이며, 꿈 속에서 성인에게 말을 했던 십자가가 이 성당 제단 위에 있다. 오른 쪽 작은 교회 앞에 <클라라와 프란치스코 사이에 있는 아기 안은 성모>, <성 프란치스코·성녀 클라라·성 록 그리고 성 세바스티앙>, 성 제롬 샤뻴에는 <아기를 안고 왕좌에 앉아 있는 성모 그 옆에 성 프란치스코·성녀 클라라·성 베르나르댕 그리고 성 제롬>, 왼쪽 벽에 <성 록과 성 세바스티앙>, 내부 오른쪽에 <몽둥이를 휘두르며 프란치스코를 쫓아가는 아버지>, <십자가 앞에 기도하는 프란치스코>가 있고, 제단 위에는 13세기에 그린 아름다운 <성 다미아노와 성 루피노 사이에 아기 안은 성모>가 있다.

제대 오른쪽에 있는 작은 문을 나서면 성녀 클라라 샤뻴이 있고, 낡고 좁은 계단으로 올라가면 수도사들의 침실이 있으며, 거기에 클라라 성녀가 죽은 장소라고 쓰여 있다. 정원을 위에서 내려다 보고 수도사들의 식당을 거

방망이를 들고 프란치스코를 쫓아가는 아버지

쳐 다시 밖으로 나온다.

이 수도원은 방문 순서를 잘 표시해 놨기 때문에 그대로 따라가면서 보면 되고, 샤뻴에서는 필요에 따라 오래 머물 수도 있다.

이 수도원은 8~9세기에 지어진 후 버려진 상태였는데, 하루는 십자가에서 "프란치스코야, 가서 나의 교회를 재건하여라. 너도 보다시피 다 망가졌느니라" 하는 음성이 들렸다. 그리하여 1206년에 프란치스코가 이 교회를 보수하면서 이 장소가 클라라와 불쌍한 여인들의 집이 되리라고 직감했다고 한다.

아씨시는 성지일 뿐 아니라 중세의 흔적을 고스란히 지니고 있는 아름다운 마을이기도 하다. 여기를 하루에 스치듯 보고 떠난다는 것은 정말 아쉬운 일이다. 물론 개인적인 형편 때문이겠으나, 이런 마을에서는 며칠 푹 쉬면서 주변을 둘러보길 권한다.

Info

아씨시(Assisi)는 Perugia 동쪽 27km

Gubbio 남쪽 48km에 있다.

다미아노 십자가

클라라 성녀가 죽은 곳

까르세리 정문

portioncule 전경

프란치스코 성인이 만든 구유

프란치스코 성인이 만든 구유

Greccio

🏠 그레초는 해발 665m에 있는 프란치스코 성지이다. 프란치스코 성인이 1223년 성탄절을 맞아 처음으로 '구유'를 만든 곳으로, 동굴 위에는 프란치스코회 수도원이 있다. 프란치스코는 말년에 몸은 병들고, 마음은 계율에 억눌려 고통스러워했다고 한다. 그는 성모와 그의 아들이 베들레헴의 동굴 안에서 가난하게 태어난 그의 정신 속에 살고자 동굴 밑에 구유를 만든 것인데, 2층에 있는 구유 박물관에는 한국식 구유도 진열되어 있다. 그는 구유를 만든 이유에 대해서 다음과 같이 말했다. "나는 베들레헴에서 태어난 아기에 대한 추억을 떠올리고 싶고, 그가 어릴 적부터 견뎌온 유쾌하지 못한 모든 것들을 기억하고 싶다. 그래서 소와 당나귀, 건초더미 위 구유에 누워 있는 그를 보고 싶은 것이다."

교회 뒤쪽에 있는 구유 외에도 동굴로 가는 긴 회랑, 프란치스코 성인이 묵었던 검소한 방과 식당, 보나벤투라 성인이 기거했던 방 등은 작지만 큰 감동을 준다.

프란치스코의 성인의 식당　　　　　　　　프란치스코 성인의 방

Info

개방 시간: 9시~19시

미사: 8시(축일은 10h 30, 12h, 18h)

Greccio는 Rieti 북서쪽 15km

　　Terni 동남쪽 24km에 있다.

교회
제단

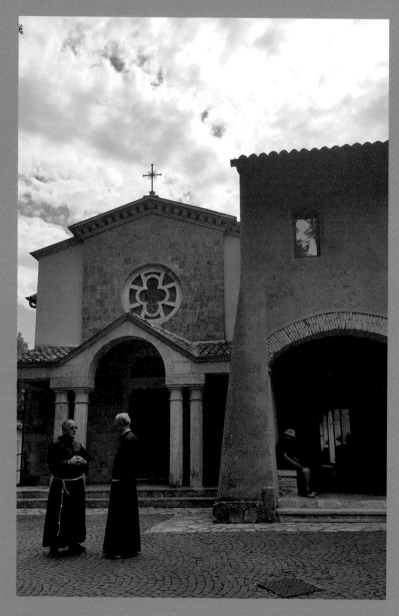

교회 정면

프란치스코 성인이 사랑한 샤뻴과 타우 <u>Fonte Colombo</u>

🏠 말년에 눈병이 난 프란치스코 성인은 레온, 보니치오 드 불로뉴 등 동료와 함께 1222년 말부터 1223년 초까지 해발 550m에 위치한 폰테 콜롬보에 머물렀다. 하얀 비둘기들이 깨끗한 샘물을 마시는 걸 보고 지어진 이름이 폰테 콜롬보이며, 그는 여기 있는 동굴(sacro speco)에서 계율을 집필했다.

교회

13세기에 지은 교회로 아주 심플한 외관을 자랑하고 있는데, 문지방 위에 성모와 아기, 그 옆에 성 프란치스코와 툴루즈의 성 루도빅(Ludovic)이 그려져 있다. 이 교회에서 유명한 것은 지오반니 다 피사가 조각한 나무 재질의 작품으로, 1622년 눈사태로 꺾여진 참나무를 이용해서 만든 것이다. 전체적인 분위기가 어두워서 눈이 어둠에 익숙해져야 겨우 볼 수 있는 작품인데 내용은 계율을 승인하는 것을 표현한 것으로 프란치스코는 무릎을 꿇고 있고 그

지오바니 다 피사의 조각(1645년)

옆에서 레온이 받아쓰고 있다. 그 뒤에서는 지방 장관들이 계율에 항의하고 있고, 위에 참나무 위에는 그리스도가 손에 계율을 들고 앉아 있으며, 그 왼쪽에는 막달라 마리아 교회가 있다.

　프란치스코의 에피소드를 소재로 한 스테인드글라스도 아름답다. 이것은 최근(1926년)에 만들어서 디자인이 현대적이면서 색채나 구도가 멋지다.

막달레나 샤뻴

　프란치스코가 사랑했던 샤뻴로 십자가 모양의 돌로 된 제단 위에는 레온 (Léon) 형제가 미사를 집전하는 그림이 있고, 내진 안쪽에는 영광의 그리스도, 성모와 아기, 성 세실리아가 그려진 12세기의 프레스코화가 있다. 제단 오른쪽에는 막달라 마리아와 폴란드의 뀌네공드(Cunégonde) 성녀를 그린 14세

T가 들어간 스테인드 글라스   막달레나 샤뻴

기 프레스코화가 아름답다. 왼쪽에는 사라센을 쫓아낸 성체를 들고 있는 아
씨시의 클라라 성녀가 있고, 왼쪽 창문 모퉁이에 프란치스코가 직접 디자인
해서 새겨놓은 'TAU'를 상징하는 'T'자가 있는데, 성인은 이 'T'를 사랑하고
존중했다고 한다. 'LE TAU'는 원래는 속죄의 표시였는데 프란치스코는 자신
의 도장으로 썼다고 한다. 이 샤뻴은 작아서 그 속에 들어가 있으면 분심이
들지 않아 프란치스코 성인도 사랑했던 것이 아닐까?

성스러운 동굴 Le sacro speco

막달라 샤뻴에서 가파른 계단을 내려가면 작은 동굴이 나오는데, 프란치
스코 성인이 수도사들의 계율을 집필했던 곳이다.

성스러운 동굴 가는 길

미카엘 대천사 샤뻴

미카엘 샤뻴에 있는 작은 종

미카엘 대천사 샤뻴의 제단

성 미카엘 샤뻴

'성스러운 동굴' 위에 있는 작은 샤뻴로 미카엘 성인에게 봉헌된 샤뻴이다. 프란치스코 성인은 미카엘 대 천사를 몹시 숭배했다고 한다. 이 샤뻴은 막달라 마리아 샤뻴보다 더 작지만 소박하고 예쁘다. 돌 벽에 걸려있는 작은 종도 사랑스럽기만 하다.

바위 틈 Crevasse de la Roche

프란치스코가 침묵과 기도 중에 신에게 깊이 빠져 들었던 바위틈인데, 예수가 죽은 후 땅이 흔들리면서 생겼다고 전해져 온다.

수도원 정원 cloître

규칙이 없는 형태로 갤러리는 두 곳에만 있고, 가운데는 우물이 있으며, 한 귀퉁이에는 손에 계율을 들고 있는 프란치스코 성인의 동상이 서 있다. 다른 수도원에 비하면 정원은 보잘 것이 없다.

Info

개방 시간: 7h 30~19h 30

Fonte Colombo는 Rieti 남서쪽 7km

Terni 동남쪽 35km에 있다.

살바토레 수도원 정면

이층 구조의
살바토레 수도원 ─Abbadia San Salvatore

🏠 산 살바토레는 762년에 아미아타 산(Monte Amiata)에 로마네스크 양식으로 세워진 수도원으로, 지하묘지는 규모가 크고 보존이 잘 되어 있으며 잘 생긴 기둥들이 훌륭하다. 수도원은 겉에서 볼 때는 사실 실망스런 점이 있는데, 교회 안으로 들어서는 순간 특이한 구조에 감탄하게 된다. 쉽게 말하자면 2층으로 된 회중석을 갖고 있다. 2층에는 구유 샤뻴 등 3개가 있고 중앙 제단 뒤에 '십자가에 못 박힌 예수' 목상이 있는데, 12세기 작품으로 두 눈을 뜨고 있는 모습이 인상적이다. 제단 앞에는 유리 상자 속에 4세기의 '산 마르코 파파(San Marco Papa)'의 유골이 보관되어 있다.

아래층으로 다시 내려가서 왼쪽에 있는 '성 바르톨로메오의 순교'는 프란치스코 나시니(Francesco Nasini: 1621~1695)의 작품이다. 박물관에도 귀중한 것들이 많이 보관되어 있는데, 그중 '성모의 결혼'은 로렌쪼 리피(Lorenzo Lippi: 1606~1664)의 작품이다.

산 마르코파파는 누구일까?

마르코는 로마에서 태어나, 336년 1월 18일 34대 교황으로 뽑힌다. 그는 검은 색과 빨간색 십자가로 장식된 양털로 된 띠 두른 폭넓은 망토를 교황의 제복으로 정한 사람이다. 짧은 재임 기간 동안 아리우스파의 이단과 맞서 싸우고, 그의 요청으로 로마에 산 마르코 성당과 성 발빈느(Sainte-Balbine) 공동 묘지 교회를 세웠다.

종교 축제와 관련된 달력을 만든 것도 마르코 교황의 공이 컸다고 한다.

그는 336년 10월7일 사망하여 성 발빈느 카타콤베에 묻혔는데, 1148년에 자신이 세운 로마의 산 마르코 성당으로 옮겨졌다.

정보

특이하게도 '산 살바토레 수도원'은 '산 살바토레 수도원'이란 이름을 가진 마을에 있다. 1970년까지는 '진사(천연 수은 원료)' 광산이 있었다는 이 마을은 인구가 6,700명이 넘는 큰 도시인데, 우리 내비가 부실한 건지 마을까지는 잘 찾아갔지만, 정작 수도원을 찾지 못해 도시를 돌고 또 돌다가, 하는 수 없이 도시 중심에 있는 주차장에 일단 주차를 하고, 공원 벤치에 두 남자가 앉아 있기에 산 살바토레 수도원이 어디 있느냐고 물었더니, 중년 남자가 "여기가 바로 산 살바토레 수도원이요" 하고 장난을 친다. 옆에서 듣고 있던 노인이 수도원 가는 길을 점잖게 가르쳐줘서 수도원을 구경할 수 있었다.

Info

Abbadia San Salvatore는 Perugia 서쪽 98km

Siena 동남쪽 75km 아미아타 산 중턱에 있다.

산 마르꼬 파파의 유골

마리아의 결혼식

지하묘지 기둥 장식

성 베네딕토 수도원 전경

베네딕토 성인의
동굴과 프레스코화 <u>Subiaco</u>

🏠 수비아코는 로마 동쪽 70km, 피우지(Fiuggi)북쪽 29km에 있는 도시로 인구가 9,000명이나 되는 번잡한 도시이다. 첫 번째 갔을 때는 피우지 쪽에서 갔는데, 시내를 거치지 않고 수도원만 보고 왔기 때문에 그렇게 큰 도시라고는 생각도 못했는데, 올해(2018년)가 보니 도로는 비좁고, 차들은 많고, 도무지 '베네딕토 수도원'을 찾을 수가 없다. 마침 길에서 찌그러진 복숭아를 파는 아저씨한테 길을 물었더니, 친절하게 가르쳐주면서 복숭아까지 쥐어준다. 이 찌그러진 복숭아는 원래 모양이 그렇게 생겼을 뿐 맛은 기막히게 좋다.

우리가 처음(2010년) 수비아코에 갔을 때는 아주 뜨거운 한 여름의 낮이었는데, 시간표를 잘 몰라 점심시간 시작 바로 전에 수도원에 도착했다. 우리가 수도원 입구에 도착해 보니, 마침 한국 신부 일곱 분이 구경을 마치고 공항으로 가기 전에, 가이드 해준 한국인 수사님과 작별 인사를 하고 있었다. 그런데 신부님들이 수사에게 택시를 불러 줄 수 있냐고 하니, 수사님은 단칼에 거절하고 수도원 안으로 휙 들어가 버렸다. 뜨거운 햇살 아래 역까지 걸어 내려가는 것은 정말 힘들텐데, 우리는 그분들을 도와줄 아량이 없었던 가? 우리가 두 번 정도 왕복을 해야 하고, 우리도 겨우 찾아왔는데 내비도 없 으니 힘이 든다는 핑계를 대면서 못 본 척 했는데, 지금도 그때 수도원 마당 에서 당황해하던 표정들, 내리쬐는 햇살 등이 어제 일처럼 선명하게 떠오른 다. 거기는 산 위라 딱히 갈 곳도 없고, 그때는 함부로 길을 나서는 게 무섭 기만 했던 때라, 우리 부부는 두 시간 반을 그냥 수도원 입구에 앉아서 오후 개방 시간까지 기다렸다. 포르투갈에서 애들 다섯 명을 데리고 온 부부와 함께 있으니 그래도 기다릴 만 했다.

수비아코에는 '성 스콜라스티카 수도원'과 '베네딕토 수도원'을 보려고 간 다. 우리는 처음 갔을 때는 너무 많은 시간을 기다리느라 진을 뺐기 때문에, 스콜라스티카 수도원을 볼 생각이 전혀 없었다. 두 번째 갔을 때는 이 수도 원을 꼭 보려고 했는데 가이드 방문만 가능하다고 해서 그냥 왔다.

아쉽지만 베네딕토 수도원만 설명해 보기로 한다.

성 베네딕토 수도원Monastero di San Benedetto의 유래

베네딕토는 480년 경 누르시아(Nursie)의 부유한 부모 밑에 태어나 걱정없 이 유년기를 보낸다. 어려서부터 신께 의탁한 여동생 스콜라스티카와는 아 주 돈독한 관계였다.

그는 고향에서 초등 교육을 받고 고등 교육을 위해 로마로 가지만 로마인 들의 타락상을 보고 두려운 나머지 유모와 함께 아필레(Affile: 수비아코 남쪽 10km) 에 숨는다. 그는 절대적인 고독을 위해 유모도 버리고 네로의 빌라가 있었 던 수비아코 쪽으로 간다. 가는 길에 로마인 수도사를 만나는데 자기 수도원 밑에 거친 동굴이 있다고 가르쳐줘서, 베네딕토는 그 동굴에서 오로지 신과 로마인만을 생각하며 3년을 보낸다. 젊은 은자가 최소한의 양식을 바구니에 담아 내려주는 것으로 식사는 해결했지만, 이런 도움에도 불구하고 동굴 생활은 가혹했으며 악마의 유혹도 심해서, 육욕을 억제하기 힘들어 모든 것을 포기하고 싶은 순간 가시덤불에서 굴러 유혹을 떨쳐낸다. 기적처럼 그의 존재를 알게 된 한 수도사의 방문을 받게 되고, 목동들이 그의 은신처를 알아내자 그는 목동들을 모아 교육을 시킨다. 그러자 이웃에 있는 수도원 수도사들이 그를 수도원장으로 추대하게 되지만 얼마 지나지 않아 그가 지나치게 엄격하다고 생각한 그들은 베네딕토를 독살하려고 했으나, 신의 도움으로 음모를 알게 된 그는 다시 동굴로 돌아와 버린다.

그 후 그의 이름이 더욱 알려져 각 처에서 제자들이 구름처럼 모여들자, 은자로서의 생활은 끝나고 수도 생활이 시작된다.

그의 첫 번째 수도원은 '성 클레멘트'였는데, 사방에서 나이 불문하고 제자들이 모여들어 작은 수도원을 12개나 만들면서 20여 년을 이 수도원에서 보낸다. 그러나 피오렌쪼의 증오심과 비양심적인 행동 때문에 그는 세상과 더 멀어지게 되고, 환멸을 느낀 나머지 각 수도원에 재량권을 준 후에, 몇몇 제자들과 함께 529년 경에 몬테 까시노로 간다. 18년 동안 아직도 이교도들인 사람들에게 전도하며 이 산 꼭대기에 몬테 까씨노 수도원을 세운다. 그는 계율을 완성한 후 세상을 떠났는데, 베네딕토의 계율은 한 마디로 <기도하고 일하라>이다.

십자가 지고 골고다에 올라감

수도원

우리 부부는 두 번 수비아코를 방문했지만, 그래도 제대로 봤다고 하기에는 부족한 점이 많다. 13세기 초부터 16세기까지 그린 화려한 프레스코화, 나무 제단 등 귀중한 것들이 너무 방대해서 '잘 봤다'고 하기가 사실 미안한 일이다. 작은 방과 작은 교회, 교회 속에 또 교회가 있는 내부에는 여러 시대에 걸쳐 완성한 프레스코화와 프란치스코 성인의 동상(1223년)이 있다.

절벽에 기대있는 바위산을 파고, 돌을 쪼고, 다듬고, 지형에 맞게 재단하여 세상에 없는 아름다운 교회를 만들어 놓은 것을 보면, 이것이 사람이 해놓은 것인가 하고 묻게 된다. 두 개의 교회와 여러 개의 샤뺄은 온통 프레스코화로 장식되어 있어, 어디가 더 아름답다고 평할 수 없을 정도이니 그저 감탄하며 감상하기만 하면 된다. 새끼줄을 쳐서 출입을 막아놓은 곳은 빼고 어디든지 자유롭게 구경할 수 있고, 설명도 상세하게 해 놓아 이해를 도와주니 충분한 여유를 갖고 방문하는 것이 좋다.

베네딕토 동굴

수도원 입구

수도원 입구에는 이런 문구가 쓰여 있다.

"베네딕토야, 너는 빛을 찾고 있으면서
어찌하여 어두운 동굴을 선택하느냐?
동굴은 네가 찾고 있는 빛을 주지 못하거늘.
하지만 어둠 속에서 계속 빛을 찾아 보거라
왜냐하면 어두운 밤에만 별은 빛이 나니까."

Info

*개방 시간(대단히 중요함)

오전 opening: 9시, last visit: 12시, closing: 12시 30분

오후 opening: 15시, last visit: 17시 30분, closing: 18시

*미사

월~토: 8시

일, 축일: 9시 30~11시

까사마리 수도원 교회 입구

2층에 경내정원cloître이 있는
까사마리 수도원 <u>Abbazia di Casamari</u>

'시토회 건축물의 보석'이라고 알려져 있는 까사마리 수도원을 찾아 가는 날이다. 수도원 주소에 Veroli, via Maria라고 되어 있으나, 내비가 찾아주지 못해서 갔던 길을 가고 또 가고, 덥기는 하고, 입술은 마르고, 이제 그만 숙소로 가려고 맘을 먹었는데 'Abbazia di Casamari'라고 쓰인 갈색 표지판이 눈에 확 들어온다. 마침 경찰 대 여섯 명이 길 가에 서 있어서 길을 물었더니, 친절하게 영어로 말해줘서 겨우 수도원을 찾아갔다. 베롤리와는 엉뚱한 동네라서 한 시간 반을 길에서 허비했다.

수도원 역사

고대 로마의 정치가인 마리우스가 태어난 집터에 1035년에 초기 고딕양식으로 지은 베네딕토회 수도원이었는데, 12세기에 시토회로 바뀌면서 건물을 시토회의 규율에 맞게 검소하게 개조했다.

특이한 십자가

고상한 색채의 스테인드글라스

수도원 교회

수도원 대문의 기둥이나 바닥에 박힌 큰 돌들을 보니 옛날에는 이 수도원이 상당히 번창했을 것으로 짐작이 간다. 수도원 이름은 어찌 그리 작게 붙여 놓았는지, 큰 간판에 익숙한 우리로써는 찾기가 참 어려울 수밖에 없다. 마당에서 보면 교회로 올라가는 넓은 계단이 보이고 계단을 올라가면 거기에 넓은 광장이 있다. 정면 문양도 다른 교회나 수도원과는 확연히 달랐는데 그것은 시토회 규칙을 따른 것이다. 대개는 예수나 제자, 복음사가, 천사들이 화려하게 등장하는데 여기는 하얀 장미꽃을 소박하게 조각해 놓았다.

교회 내부

수도원 교회라고 하기에는 규모가 상당히 큰 것으로 봐서, 옛날에는 수도사가 얼마나 많았을지 상상이 된다. 회중석은 셋으로 되어있고, 스테인드글라스는 고상한 갈색 계열만 사용했다. 교회 왼쪽에는 성 베르나르도가 왼손에 지팡이를, 오른손에는 성경을 들고 서 있다.

왼쪽 첫 번째 샤뻴에는 제단 위에 특이한 십자가가 놓여 있는데, 가운데 예수가 있고 복음사가가 그려져 있다.

두 번째 샤뻴에는 아주 검소한 제단 위에 정교하게 조각된 고정대 위에 커다란 성경책이 펼쳐져 있는데, 한 면은 큰 글씨로 쓰여 있고, 옆면에는 그림이 그려져 있어서 글씨를 모르는 사람도 쉽게 이해할 수 있게 배려한 것 같다.

수도자 묘지

교회를 나와 오른쪽 문으로 들어가면 수도자 묘지가 있는데, 어떤 신부는 겨우 20살(1924~1944)에 죽었다.

경내 정원 cloître

교회에서 나와 왼쪽으로 가면 정원이 있고, 계단을 따라 올라가면 경내 정원이 나온다. 이를테면 2층에 경내 정원이 있는 셈인데, 사면의 갤러리가 온전하게 보존되어 있고, 기둥은 모두 쌍둥이로 되어 있다. 시토회의 규칙에 따라 조각이 화려하지는 않지만 단순미와 절제미가 조화를 이루며 오랜 세월을 잘 견뎌왔다.

수도자 식당(13세기)

참사 회의실 Salle capitulaire

수도사들이 모여서 얘기도 나누고, 토론도 했던 참사 회의실은 기둥이 4개가 있는 작은 방이다.

수도자 식당 réfectoire

식당은 기둥이 여섯 개가 있고 양쪽으로 식탁이 질서 정연하게 놓여 있는데 금방이라도 식사할 것처럼 잘 정돈이 되어 있다. 침묵 속에 검소한 식사를 하는 수도사들의 모습이 떠오른다. 이 넓은 공간을 꽉 채웠던 시절도 있었을 텐데, 지금은 모든 시설이 허전하기만 하다.

Info

개방시간: 9시~12시, 15시~18시

수도원 주소: 03029 Casamari, Frosinone, Italy

교회 내부　　　　　　　　　　　수도원 정원

수도자 묘지

한계전·한필남 부부 중세 수도원 가다

초판 1쇄 인쇄일 ㅣ 2021년 1월 7일
초판 1쇄 발행일 ㅣ 2021년 1월 14일

지은이   ㅣ 한계전, 한필남
펴낸이   ㅣ 정구형
편집/디자인   ㅣ 우정민 우민지
마케팅   ㅣ 정찬용 김보선
영업관리   ㅣ 정진이 한선희
책임편집   ㅣ 김보선
인쇄처   ㅣ 신도인쇄
펴낸곳   ㅣ 국학자료원 새미(주)
                등록일 2005 03 15 제251002005000008호
                경기도 고양시 일산동구 중앙로 1261번길 79 하이베라스 405호
                Tel 02 442 4623 Fax 02 6499 3082
                www.kookhak.co.kr
                kookhak2001@hanmail.net

ISBN   ㅣ 979-11-91255-41-6 *03980
가격   ㅣ 18,000원